· 超级思维训练营系列丛书 ·

数字原来可以这样玩

SHUZIYUANLAI KEYI ZHEYANGWAN

李宏 ◎ 编著

符号＋逻辑 ——☆—— 等于大智慧

中国出版集团　现代出版社

图书在版编目(CIP)数据

数字原来可以这样玩／李宏编著. —北京:现代出版社,
2012.12(2021.8 重印)
(超级思维训练营)
ISBN 978 – 7 –5143 –0988 –1

Ⅰ. ①数… Ⅱ. ①李… Ⅲ. ①思维训练 – 青年读物②思维
训练 – 少年读物 Ⅳ. ①B80 –49

中国版本图书馆 CIP 数据核字(2012)第 275755 号

作　者	李　宏
责任编辑	刘春荣
出版发行	现代出版社
通讯地址	北京市安定门外安华里 504 号
邮政编码	100011
电　话	010 – 64267325　64245264(传真)
网　址	www.xdcbs.com
电子邮箱	xiandai@ cnpitc.com.cn
印　刷	北京兴星伟业印刷有限公司
开　本	700mm×1000mm　1/16
印　张	10
版　次	2012 年 12 月第 1 版　2021 年 8 月第 3 次印刷
书　号	ISBN 978 – 7 –5143 –0988 –1
定　价	29.80 元

前　言

　　每个孩子的心中都有一座快乐的城堡,每座城堡都需要借助思维来筑造。一套包含多项思维内容的经典图书,无疑是送给孩子最特别的礼物。武装好自己的头脑,穿过一个个巧设的智力暗礁,跨越一个个障碍,在这场思维竞技中,胜利属于思维敏捷的人。

　　思维具有非凡的魔力,只要你学会运用它,你也可以像爱因斯坦一样聪明和有创造力。美国宇航局大门的铭石上写着一句话:"只要你敢想,就能实现。"世界上绝大多数人都拥有一定的创新天赋,但许多人盲从于习惯,盲从于权威,不愿与众不同,不敢标新立异。从本质上来说,思维不是在获得知识和技能之上再单独培养的一种东西,而是与学生学习知识和技能的过程紧密联系并逐步提高的一种能力。古人曾经说过:"授人以鱼,不如授人以渔。"如果每位教师在每一节课上都能把思维训练作为一个过程性的目标去追求,那么,当学生毕业若干年后,他们也许会忘掉曾经学过的某个概念或某个具体问题的解决方法,但是作为过程的思维教学却能使他们牢牢记住如何去思考问题,如何去解决问题。而且更重要的是,学生在解决问题能力上所获得的发展,能帮助他们通过调查,探索而重构出曾经学过的方法,甚至想出新的方法。

　　本丛书介绍的创造性思维与推理故事,以多种形式充分调动读者的思维活性,达到触类旁通、快乐学习的目的。本丛书的阅读对象是广大的中小学教师,兼顾家长和学生。为此,本书在篇章结构的安排上力求体现出科学性和系统性,同时采用一些引人入胜的标题,使读者一看到这样的题目就产生去读、去了解其中思维细节的欲望。在思维故事的讲述时,本丛书也尽量使用浅显、生动的语言,让读者体会到它的重要性、可操作性和实用性;以通俗的语言,生动的故事,为我们深度解读思维训练的细节。最后,衷心希望本丛书能让孩子们在知识的世界里快乐地翱翔,帮助他们健康快乐地成长!

目　录

第一章　会算术的小动物

算一算有几条雪橇狗 ……………………………………… 1

乌鸦的启示 ……………………………………………… 2

猎物的多少 ……………………………………………… 3

小鸟飞行的路程 ………………………………………… 3

聪明的小白鼠 …………………………………………… 5

淘气的猴子 ……………………………………………… 6

养小鸡的故事 …………………………………………… 6

公鸭子和母鸭子的个数 ………………………………… 7

卖力的蜘蛛 ……………………………………………… 9

有多少头奶牛 …………………………………………… 9

孙悟空收蟠桃 …………………………………………… 10

有关牛吃草的问题 ……………………………………… 11

鸡鸭鹅的计算 …………………………………………… 13

蜜蜂的旅程 ……………………………………………… 14

狡猾的狐狸的伎俩 ……………………………………… 15

老伯分牛 ………………………………………………… 16

买鸡的推算 ……………………………………………… 18

小蚂蚁的任务 …………………………………………… 19

猪、牛、羊的单价 ……………………………… 19

有关猪肉的计算 ……………………………… 20

骡子和驴的抱怨 ……………………………… 22

第二章　精明的商人

购买皮套的故事 ……………………………… 23

西瓜的价格 …………………………………… 23

可怜的牧马人 ………………………………… 24

孩子的钱数 …………………………………… 26

魔术师的技法 ………………………………… 27

油画的价格 …………………………………… 28

赔偿的鸡蛋 …………………………………… 29

害人的假钞 …………………………………… 31

火车票的种数 ………………………………… 32

买书的价格 …………………………………… 33

损失的金额 …………………………………… 33

摆渡的小船 …………………………………… 34

聪明的商人 …………………………………… 36

魔术师的魔术 ………………………………… 37

开会的人数 …………………………………… 39

服务费的多少 ………………………………… 39

损失了多少钱 ………………………………… 40

算一算哪个最便宜 …………………………… 41

一共卖了多少鱼 ……………………………… 42

小饰品的单价 ………………………………… 43

珠宝店的损失 ………………………………… 45

一共要印刷几页 ……………………………… 46

卖西瓜的故事 …… 46

买铅笔的故事 …… 47

公司的礼仪 …… 49

错误数字的查找 …… 49

赠送的酒席 …… 50

买鸡和卖鸡 …… 52

贸易会上的问题 …… 52

卖房子的结果 …… 53

谁来听课 …… 54

卖蟹的故事 …… 55

一共有几名常客 …… 57

有没有免费的午餐 …… 58

换鸡蛋所遇到的问题 …… 59

《童话故事选》的单价 …… 61

小贩之间的交换 …… 61

赚钱还是赔钱 …… 62

卖丝巾的问题 …… 64

愚蠢的富翁 …… 64

找零钱的故事 …… 66

第三章 分东西的诀窍

房间的价格 …… 67

桃子的分配 …… 68

分苹果的故事 …… 70

检票口的个数 …… 71

哪个公司薪水高 …… 71

皇后的首饰 …… 72

数字原来可以这样玩

公交车上的座位 ···················· 75

金条的分割 ······················· 75

数一数硬币的数量 ·················· 76

年龄的计算 ······················· 77

巧算酒的分配 ····················· 79

出租车的付费 ····················· 81

摩托车和小汽车的数量 ·············· 81

正确地分酒 ······················· 84

分汽车的数学题 ··················· 85

奇怪的比例 ······················· 87

邮票的张数和面值 ·················· 87

轮流上班 ························· 88

手指的组合 ······················· 89

怎样付清借款 ····················· 91

猎物的多少 ······················· 93

种玉米的故事 ····················· 94

贪婪鬼的数学题 ··················· 94

巧妙地取水 ······················· 96

得票数量 ························· 97

大米的数量 ······················· 97

侦察兵的机智 ····················· 98

跳棋棋子的概率 ··················· 99

奇怪的计程表的数字 ················ 101

买苹果的故事 ····················· 101

瓶子里的牛奶和水 ·················· 103

乐乐球的故事 ····················· 104

珍珠的分配 ······················· 105

采蘑菇的小姑娘 ··················· 107

阶梯的故事 ……………………………………………………… 108

数数橘子的多少 …………………………………………………… 109

不同面值的邮票 …………………………………………………… 111

数不清的鸡蛋 ……………………………………………………… 112

砝码碎片的问题 …………………………………………………… 112

啤酒瓶的回收 ……………………………………………………… 113

美酒的分配 ………………………………………………………… 115

吃玉米的故事 ……………………………………………………… 116

棒棒糖的价格 ……………………………………………………… 116

红帽子和黄帽子的个数 …………………………………………… 117

棋子的个数 ………………………………………………………… 120

圆桌会议的人数 …………………………………………………… 120

牧民的要求 ………………………………………………………… 121

做杂活的和尚 ……………………………………………………… 122

分核桃的故事 ……………………………………………………… 124

数学天才分牛奶 …………………………………………………… 125

第四章　古人的难题

有关古人的试题 …………………………………………………… 127

皇冠的黄金纯度 …………………………………………………… 128

算一算珠宝的数量 ………………………………………………… 132

旅行家的旅行故事 ………………………………………………… 133

有趣的数字 ………………………………………………………… 135

迎娶公主的比赛 …………………………………………………… 135

愚蠢的法规 ………………………………………………………… 139

关于地球周长的故事 ……………………………………………… 140

谁坐马车谁坐汽车 ………………………………………………… 141

数字原来可以这样玩

乾隆皇帝的上联 …………………………………………… 141

农田的大小 ……………………………………………… 144

年龄的计算 ……………………………………………… 145

奇怪的生命数字 ………………………………………… 146

敲钟的和尚 ……………………………………………… 147

韩信点兵的秘密 ………………………………………… 149

高斯的办法 ……………………………………………… 150

第一章　会算术的小动物

算一算有几条雪橇狗

雪橇狗是生长在冰天雪地里的一种动物。当地的人们经常利用雪橇狗来拖动雪橇，然后坐在雪橇上，飞快地行驶。就像我们的祖先用马来拉车一样，狗拉雪橇是北极附近地区的一种常见交通工具。

这里有一道关于雪橇狗的数学题，朋友们不妨开动脑筋，看看自己能否计算出正确答案。

一天，美国著名作家杰克·伦敦心急火燎地赶着 5 条狗的雪橇，前去看望一位病危的朋友。路途遥远，杰克·伦敦需要耗费几天时间。

第一天，杰克·伦敦赶着雪橇车全速行驶，但是不幸的其中两条狗挣断绳索，被狼群带走了。杰克·伦敦只能使用剩下的 3 条狗，来行驶完剩下的路程，行驶的速度只是第一天的 2/3。因为这个情况，杰克·伦敦比规定的日期要晚两天才到达目的地。

假设逃走的两条雪橇狗还能够再多拖行50公里，杰克·伦敦将只比规定时间迟到一天。

请问：杰克·伦敦从出发地到目的地，一共要行驶多少公里的路程呢？

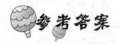
参考答案

杰克·伦敦从出发到目的地有 $133\frac{1}{3}$ 公里路。

乌鸦的启示

我们知道，长方体的体积等于长乘以宽再乘以高，正方体的体积等于棱长的立方。可是你有没有想过，应该怎么求得一只鸡蛋的体积呢？

鸡蛋的外形不规则，没有现成的公式可用，想到这大家或许会一筹莫展。

但是，如果你听过《乌鸦喝水》的故事，这个问题就能迎刃而解了。

《乌鸦喝水》故事中说：乌鸦想喝瓶子里的水，但瓶口太小，水面又低，无法直接喝到。聪明的乌鸦发现周围地上有小石子，于是衔起石子，放入瓶中。每放进一块小石子，水面就会上升一点；投进的石子体积越大，水面上升得就越高。

这是因为投入的石子有"体积"，要占据一定的空间，它会把与它体积相等的水量"挤"上去。也就是说，被"挤"上去的水的体积恰好等于投进的石子的体积。

石头的体积难以求出，那是因为它的形状很不规则。如果我们能计算出被它"挤"上去的水的体积，那么就能推算出石头的体积。这时，只需要一个长方体器皿，就能轻易计算出被"挤"出来的水的体积了。

假设这个长方体器皿底面是边长 4 厘米的正方形，放入石头后水面上升了 2 厘米，那么石头的体积是 $4\times4\times2=32$（立方厘米）。到这里，你一定会高兴得叫起来："那我也会求鸡蛋的体积了。"

那么，聪明的朋友，具体应该怎么求得鸡蛋的体积呢？

将鸡蛋投入装满清水的容器中，然后将溢出的水倒入正方形器皿中，所求得的水的体积便是鸡蛋的体积。

猎物的多少

小赵、小钱、小孙3个好朋友感情非常好，时常结伴打猎。路上三人相互照顾，可以提高安全性。

一天，小赵、小钱、小孙三人又结伴去打猎。

小赵打了3只野猪；小钱打的野兔的数量是小赵和小孙两个人的猎物总数的一半；小孙猎到的老鹰数是小赵和小钱二人打到的野兽数量之和。

亲爱的朋友们，你们能不能计算出：小钱打了多少猎物？小孙打了多少猎物？

参考答案

在这次打猎中小钱打了6只野兔；小孙打了9只老鹰。

小鸟飞行的路程

从前，有一列火车以每小时20公里的速度从北京开往上海。同时，有另一列火车以每小时20公里的速度从上海开往北京。

如果这时有一只小鸟，以每小时30公里的速度和以上两列火车同时启动，从上海出发，每次遇到一列火车便返回。如此这般，依次在两列火车

数字原来可以这样玩

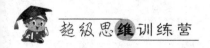

中间来回飞行，直到两列火车相遇。

请问这只小鸟一共飞行了多远距离？

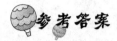 参考答案

在这次飞行中，小鸟一共飞行了全程的6/7。

思维小故事

巧分零件

有10桶相同的零件，每桶里有10个，共100个，并且每桶中零件的重量都是相同。其中有9桶每个零件的重量均为1千克，另一桶中每个零

件的重量均是 0.9 千克，但是全部的零件外表完全相同，用肉眼或手摸是无法辨别的。

现在有一架普通台秤，你只能称量一次，就把不同的一桶找出来吗？

参考答案

将 10 桶零件按 1～10 编上号，并且按编号的多少，从每个桶中取出零件，第 1 桶取出 1 个，第 2 桶取出 2 个……这样共取 55 个。

假如每个零件都为 1 千克的话，正好是 55 千克。现在有一桶的零件是 0.9 千克的，因此，称出的重量不够，少的千克数，除以 0.1，就是轻的那一桶的编号。

聪明的小白鼠

一天，一只小猫抓到了 5 只小白鼠。

它让白鼠们排列成一队，然后"一、二"报数，所有数一的白鼠都将被它吃掉。剩下的白鼠再一、二报数，所有数一的白鼠又将被吃掉。整个过程完成后，剩下了一只小白鼠。

这天，小花猫捉到 9 只白鼠，加上剩下的那只小白鼠，一共 10 只。它又让这 10 个白鼠像上次那样排成一列，然后"一、二报数"，一共进行了 3 次报数，每次报完数，他都吃掉数一的白鼠。奇怪的是，这只小白鼠又幸存了下来。

猫问道："怎么还是你？"

小白鼠回答说："我计算过，剩下的一定是我。"

猫又问："上次你排第 4 位，这次排第 8 位，下次我抓 19 只来，你要排第几位？"

聪明的朋友，你能帮小白鼠回答这个问题吗？

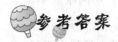

在第一次有 5 只白鼠的时候，聪明的小白鼠利用 $2 \times 2 = 4$，排在第 4 位。第二次有 10 只白鼠时，利用 $2 \times 2 \times 2 = 8$，排在第 8 个位置。所以，下次小猫抓来 19 只，即共 20 只白鼠时，小白鼠就应排在 $2 \times 2 \times 2 \times 2 = 16$ 的位置。

淘气的猴子

众所周知，猴子最喜欢吃的食物莫过于桃子。

一天，一群猴子来到一个果园，其中一颗是桃树。树上有许多又大又甜的桃子，猴子们垂涎欲滴，乱哄哄地蹿上树抢食。

如果每只猴子吃 2 只桃子，那么树上还会剩下 2 只桃子。如果每只猴子吃 4 只桃子，那么就会有 2 只猴子吃不上桃子。

朋友们，根据这个情况，你们能够计算出一共有几只猴子，一共有几只桃子吗？

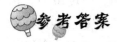

树上一共有 5 只猴子，一共有 12 只桃子。

养小鸡的故事

从前，有一对农民夫妻叫阿郎和阿梅，他们非常穷苦，但是十分恩爱。他们勤劳节俭，小日子过得还算甜美。

后来，阿郎和阿梅饲养了一些鸡，养鸡带来的收入，让他们的生活水平比以前提高了很多。

一天，阿郎发现鸡饲料不足，便对阿梅说："亲爱的，我们现在有两个方案。一个方案是：卖掉75只小鸡，那鸡饲料还可以维持20天；另一个方案是：买进100只小鸡，那么鸡饲料还可以维持15天。"

阿梅朝阿郎笑了笑说："可是，老公，你说了半天，我还没有弄清我们家里一共养了多少只小鸡呢？"

朋友们，你们能够计算出阿郎和阿梅这对农民夫妻家里一共养了多少只小鸡？如果不买不卖，鸡饲料能维持多少天？

 **参考答案**

这对农民夫妻家里一共养了600只小鸡，鸡的饲料足够维持17.5天。

公鸭子和母鸭子的个数

从前，有两只可爱的鸭子，它们一个英俊帅气，一个漂亮妩媚。它们结成伉俪，过着幸福的生活。

一段时间以后，鸭妈妈怀上了4个鸭宝宝。鸭爸爸乐坏了，它对鸭妈妈说："亲爱的，你说我们的宝宝有几只是公鸭子，有几只是母鸭子？"

鸭妈妈摇着头，笑着说："我也不知道呢。"

于是，鸭爸爸就展开了它的一系列的推断：4只都是公的，这个概率很小；4只都是母的，这个几率也很小。因为每只鸭子是公还是母，它们的概率都是50%对50%。

"所以很明显，亲爱的，你最有可能生出两只公鸭子和两只母鸭子。"鸭爸爸得意地说。

朋友们，你们说，鸭爸爸的推断正确吗？

参考答案

　　鸭爸爸的推断是不正确的，按照概率原理，每一次所生是公鸭子还是母鸭子的几率都是 $\frac{1}{2}$ ，而不是总体比率是半对半。

思维小故事

买可乐

　　小王有 40 元钱想买可乐，已知 2 元钱能够买 1 瓶可乐，4 个可乐瓶又能够换 1 瓶可乐。那么，小王能够买到几瓶可乐？

小王能够买 26 瓶可乐。

先用 40 元钱买 20 瓶可乐，得 20 个可乐瓶；4 个可乐瓶换 1 瓶可乐，就得 5 瓶；再得 5 个可乐瓶，然后换得 1 瓶可乐，这样总共得 26 瓶。

卖力的蜘蛛

在很久很久以前，有一只意志力十分顽强的蜘蛛。它沿着垂直的墙壁往上爬行。

爬行了一个小时后，它到达离顶点还有一半路程的位置；又过了一个小时后，它爬了剩余路程的一半，到达离顶点还有 $\frac{3}{4}$ 路程的位置；接着又过了一个小时后，它又爬了剩余路程的一半，它到达离顶点还有 $\frac{7}{8}$ 的位置。

朋友们，如果这个蜘蛛按照这样下去，蜘蛛需要多久才能到达墙壁的顶点？

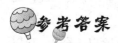参考答案

这个蜘蛛按照这样往上爬，它永远也不能到达墙壁的顶点。

有多少头奶牛

杰瑞斯和汤姆斯是美国两个相邻奶牛场的主人。

数字原来可以这样玩

一天，杰瑞斯对汤姆斯说："现在咱们两个牧场一共有 123 头奶牛，如果我卖出 $\frac{1}{3}$ 的奶牛，你买进 2 头奶牛，那咱们所拥有的奶牛头数就一样了！"

汤姆斯恍然说："是啊，我怎么没发现呢。不过对了，你有几头奶牛呢？"

杰瑞斯说："你按照我说过的算一算，就知道啦！"

朋友们，你们知道杰瑞斯和汤姆斯的奶牛场，分别有多少头奶牛吗？

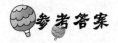参考答案

杰瑞斯的农场里面一共有 75 头奶牛，汤姆斯有 48 头。

孙悟空收蟠桃

一天，齐天大圣孙悟空在天宫的蟠桃园里闲逛。突然，他想起自己的徒子徒孙来，觉得应该把这么多的蟠桃带到花果山，让孩儿们享用。

于是孙悟空准备把收获的蟠桃，每 10 个装一袋带回花果山。但是装到最后，孙悟空发现还剩下 9 个蟠桃。如果把原先的改为每 9 个装一袋，最后则剩下 8 个；如果每 8 个装一袋，则剩下 7 个；如果每 7 个装一袋，则剩下 6 个；如果每 6 个装一袋，则剩下 5 个。

孙悟空计算了一下，用这堆蟠桃的总数除以 5 余 4，除以 4 余 3，除以 2 余 1。

朋友们，你们能计算出孙悟空收获的蟠桃至少有多少个吗？

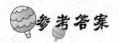参考答案

孙悟空收获的蟠桃至少有 2519 个。

有关牛吃草的问题

朋友们，你们听说过牛顿吗？牛顿是英国的一位著名科学家，牛顿三大运动定律便是以牛顿的名字来命名的。人们借此表达对牛顿的尊敬和爱戴，表彰牛顿对世界科学进步所做的伟大贡献。

一天，牛顿到一个农场里探访，他看到几个小孩在院子里玩耍，于是就编了一道数学题来考他们。

故事是这样的：一家牧场主养了几头牛，牧场的青草生长速度保持一致。如果有 10 头奶牛在这片青草地上牧养，可以维持 22 天；如果这片青草供给 16 头奶牛吃，可以吃 10 天。那么请问，如果这片青草供给 25 头奶牛吃，可以吃多少天？

亲爱的朋友们，你们能正确回答出 25 头奶牛可以吃几天吗？

**参考答案**

如果这片青草供给 25 头奶牛吃，可以吃 5.5 天。

思维小故事

和尚分饭

有 6 个和尚在一座庙里，他们每天要轮流派一个人做饭。吃饭的时候，由做饭的和尚来分饭。后来大家觉得那个分饭的人有一些偏心，到后来偏心的现象严重，只有在自己做饭或者好朋友做饭的时候才能吃饱，于是，

数字原来可以这样玩

他们决定改变这种方式。最初的方法是，让另外一个人监督分饭，刚开始的时候，效果不错，但过一段时间后，发现监督的人出现受贿问题，分饭又开始不均起来。

他们又决定轮流监督，但是问题仍然存在，后来组成了一个监督小组，每天因为分饭的问题忙得不可开交，耽搁了工作。

最后，有一个香客提出了一个很容易的办法，让他们分饭平均起来。你可以想出这种方法吗？

参考答案

先由做饭的和尚把饭分为 6 份，吃饭的时候，余下的 5 个人先选择自己要吃的饭，最后剩下的那一份留给做饭的和尚。所以，做饭的和尚为了自己的利益，就必然把每份饭分得平均。

鸡鸭鹅的计算

在很久以前，英国有一位著名的数学家名叫斯威夫特。他爱上了一位美丽的姑娘。在 30 岁那年，他如愿以偿地和这位名叫玛丽的姑娘结了婚，建立了自己的家庭。夫妻关系非常和睦，小日子过得十分甜蜜。

光阴似箭，岁月如梭，一转眼半个世纪过去了。他们子孙满堂，幸福快乐。这一天，是他和玛丽 50 年金婚的日子，这年斯威夫特正好 80 周岁。

斯威夫特的儿孙们都来向他祝寿。斯威夫特非常高兴，为了一起庆祝这个值得纪念的日子，斯威夫特拿出来 10 英镑 11 先令（1 英镑等于 20 先令），嘱咐佣人去买一些火鸡、鸭和鹅来加餐。

佣人买完斯威夫特要求购买的若干只动物后，钱恰好用完了。按照当地的风俗，同种家禽无论是大是小，都以同样的价格出售。如果用先令来计算，每种家禽的售价都是整数。

斯威夫特拿出的钱的数量是 10 英镑 11 先令，并且每一种家禽所购买的个数恰恰是每只家禽的售价的数量，其中火鸡的价格最贵，然后是鸭子，最后是鹅。他们一共买了 23 只家禽。

佣人回到家后，斯威夫特兴致很高，就以这道题来考自己的孩子。"孩子们，你们都来算算，佣人一共买了几只火鸡、几只鸭子、几只鹅呢？"

由于计算繁琐，过了好久，在座的子孙都没有计算出来。这时，斯威

数字原来可以这样玩

夫特最小的外孙跑到他身边，用了一个极其快捷易懂的方法，成功地说出了答案。

斯威夫特非常高兴，在众人面前夸赞了小外孙。

朋友们，你们知道这道数学题的答案吗？

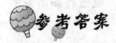 参考答案

假设购买的火鸡为 x 只，鸭子为 y 只，鹅为 z 只。那么用代数方法就可以解答。火鸡买了 11 只，鸭子购买了 9 只，鹅购买了 3 只。

蜜蜂的旅程

在很久很久以前，两名自行车运动员在同一时间从甲乙两地出发，相对而行。当他们相距 300 千米的时候，有一只淘气的小蜜蜂在两个运动员之间不停地飞来飞去。直到两名运动员相遇了，小蜜蜂才乖乖地在一名运动员的肩上停下来。

小蜜蜂以每小时 100 千米的速度在两个运动员之间飞行了 3 个小时。在此期间，两个运动员的平均车速为 50 千米每小时。

那么亲爱的朋友们，你能够计算出这只小蜜蜂一共飞行了多少千米吗？

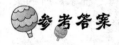 参考答案

这只小蜜蜂一共飞行了 300 千米。

狡猾的狐狸的伎俩

众所周知，狐狸是一种非常狡猾的动物，经常坑害其他动物。

这天，一只狐狸在集市上一拐一拐地走着，心里思量着投机发财的办法。

这时，它看见一头小鹿在卖大葱，走过去问："小鹿，大葱怎么卖？一共多少根葱啊？"

小鹿说："1 千克葱卖 10 块钱，一共 100 千克。"

狐狸心眼一动，坏主意便打定了，他问小鹿："你这葱，有多少葱白、多少葱叶呀？"

小鹿不知道狐狸想做什么，老实地回答说："我这里的大葱，一棵有20% 的葱白，80% 的葱叶。"

狐狸眼睛里闪烁着狡黠，说："1 千克我付 7 元，买你的葱白；葱叶，1 千克付你 3 元。7 元加 3 元正好等于 10 元，行吗？"

小鹿想了想，觉得大葱整卖也是 10 元，没有什么区别，就答应卖给它。狐狸笑了笑，列了个算式，开始算钱：

$$7 \times 20 + 3 \times 80 = 140 + 240 = 380 \text{（元）}$$

它指着公式说："100 千克大葱，葱白占20%，就是 20 千克，葱白 7元每千克，就是 140 元；葱叶占80%，就是 80 千克，每千克 3 元钱，总计240 元。合在一起是 380 元。对不对？"

小鹿的数学不好，豪爽的它直接说："你算对了就行。"

"我数学很好的，肯定没错，380 元，给你！"狐狸把钱递给小鹿。

小鹿卖完葱往回走，总觉得钱数不对，可是自己却算不出来哪里不对。路上遇到数学老师老山羊，便请老山羊给它解答疑问。

老山羊说："你原来大葱是 1 千克卖 10 元。你有 100 千克，应该卖1000 元才对，狐狸怎么只给你 380 元呢？"

数字原来可以这样玩

小鹿点了点头："真是这样，但是我想不明白哪里错了！"

老山羊说："按照狐狸给你的价钱，2千克才能得到10元钱，原本你是1千克卖10元，已经吃一半亏了。"

小鹿问："吃一半亏，我也应该得500元才对，怎么只得380元呢？"

朋友们，你们能给小鹿算算，他到底是怎么吃亏的吗？

参考答案

1千克葱白吃亏3元，20千克吃亏60元；1千克葱叶吃亏7元，80千克吃亏560元，合起来正好少卖了620元。

老伯分牛

从前，有个老人，他一生辛勤工作、省吃俭用，积攒下了一些钱，买了几头耕牛。在弥留之际，他把几个儿子叫到身边，准备把耕牛分给他们。

他规定："给老大的是1头牛及牛群余数的1/7；给老二的是2头牛及牛群余数的1/7；给老三的是3头牛及牛群余数的1/7；给老四的是4头牛及牛群余数的1/7。依此类推。就按照这种分法，老人把整个牛群一只不剩地分配给了他的所有儿子。

那么朋友们，你们能够计算出老农总共有多少个儿子，多少头牛吗？

参考答案

老农总共有6个儿子和36头牛。

思维小故事

切蛋糕

用水果刀平整地去切一个大蛋糕，总共切 10 刀，最多能把蛋糕分成多少块？最少可以分多少块？

参考答案

最多能把蛋糕切 1024 块，就是 2^{10} 块。最少分 11 块。

买鸡的推算

中国晋代有一个叫陶渊明的诗人，他的代表作《桃花源记》在文学史上地位极高。他创作的许多有趣的数学题也口口相传，流传至今。现在我们就来讲一个由陶渊明所出的数学故事题。

陶渊明的试题是这样的：这里有 100 只鸡。每只公鸡价格是 5 文钱，每只母鸡价格是 3 文钱，每 3 只小鸡价格是 1 文钱。问：在这所有的 100 只鸡中，公鸡一共有几只？母鸡有几只？小鸡有几只？

故事的结尾是很让陶渊明失望的，他的所有孩子中，居然没一个能够解答出来。在陶渊明看来，这是一道再普通不过的小题目，答案呼之欲出。

好了，亲爱的朋友们，故事就讲到这儿。聪明的你是不是跃跃欲试呢？那就开动你的小脑筋来计算一下吧。

参考答案

在这所有的 100 只鸡中，公鸡一共有 12 只，母鸡一共有 4 只，小鸡一共有 84 只；或者公鸡一共有 4 只，母鸡一共有 18 只，小鸡一共有 78 只；或者公鸡一共有 8 只，母鸡一共有 11 只，小鸡一共有 81 只。

小蚂蚁的任务

小小的蚂蚁，辛勤无比。它们忙到东来忙到西，到处寻觅食物。

一天，有一只蚂蚁出来侦查，在路边发现一条刚刚死了的大昆虫。它马上跑回洞里召集了 10 个伙伴一起来搬运猎物。当它们赶到那条大昆虫身边，却发现自己力量不够，不管它们怎么齐心协力，大昆虫仍然是纹丝不动。焦急的它们围着猎物转来转去，最后决定：再次召集其他蚂蚁一起来搬走猎物。

于是蚂蚁们立即跑回洞里又各自召集来 10 个伙伴一起来搬猎物。但是这群蚂蚁赶到那条大昆虫身边后，发现还是怎么也搬不动。蚂蚁们只好再次跑回洞去，召集其他蚂蚁一起来搬运猎物。

它们又各自召集来 10 个伙伴，这一次，终于成功将大昆虫运走，把它带回了蚂蚁洞里。

朋友们，请问，为了完成这次搬运任务，一共出动了多少只蚂蚁？

 参考答案

为了完成这次搬运任务，总共出动了 1331 只蚂蚁。

猪、牛、羊的单价

在我国农村，许多农户都饲养了家畜。他们靠养猪、牛、羊来养家糊口。

一天，一位老农牵着自己饲养的畜口，前往集市贩卖。其中有 2 头猪、

3 头牛和 4 只羊，它们单只的价格都不满 1000 元钱。如果将 2 头猪与 1 头牛放在一起贩卖，或者将 3 头牛与 1 只羊放在一起，又或者将 4 只羊与 1 头猪捆绑贩卖，那么它们各自的价格都正好是 1000 元钱了。那么猪、牛、羊的单价各是多少元钱？

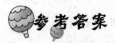

猪的单价是 360 元钱；牛的单价是 280 元钱；羊的单价是 160 元钱。

有关猪肉的计算

有一所大学，有东、南、西 3 个食堂，他们的账目是相互独立的。

这天，学校要举办一次大型宴会，要宰猪做菜庆祝。

东面的食堂从自己饲养的猪中拿出 4 头；南面的食堂从自己饲养的猪中拿出来 3 头；西面的食堂因为自己饲养的猪还太小，所以就没有拿出来。这样，3 个食堂一共拿出来 7 头猪。巧合的是：这 7 头猪的重量是相同的。

3 个食堂把猪宰了以后，把猪肉一一称重，发现分量是相同的。

庆典完成后，没有提供猪的西食堂拿出了 700 元钱作为猪肉钱。

那么这 700 元钱应该怎么分给东食堂和南食堂呢？东食堂和南食堂各应该分多少呢？

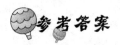

东食堂 400 元钱；南食堂 300 元钱。

思维小故事

养狗的时间

史密斯养了两条狼狗，一公一母，母狗爱吃肥肉，公狗爱吃瘦肉。这两条狗能够用 60 天吃光一桶肥猪肉。假如让公狗单独吃，它要用 30 个星期才可以吃完。两条狗会用 8 个星期吃掉一桶瘦猪肉，但若母狗独吃没有 40 个星期是吃不光的。假设公狗在有瘦肉提供时只吃瘦肉，而母狗在有肥

肉供应时只吃肥肉。请问：这两条狗一起吃半桶瘦肉和半桶肥肉，需要花费多少时间？

参考答案

40 天。由已知条件可得出下面的结论：母狗单独吃一桶肥肉需要的天数：1/（1/60－1/210）＝84（天）＝12（星期）。公狗单独吃一桶瘦肉需要的天数：1/（1/56－1/280）＝70（天）＝10（星期）。

公狗吃瘦肉的速度为 10 星期吃一桶，因此它将用 5 星期吃掉半桶。在这段时间内，母狗将吃完 5/12 桶肥肉，这就剩下 1/12 桶肥肉让两条狗合吃，其速度为 60 天吃完一桶。所以它们将用 5 天时间把肥肉统统吃光，于是总时间为 35 天再加上 5 天，总共所需 40 天。

骡子和驴的抱怨

骡子和驴子，是以前山区百姓经常使用的交通运输工具。即使到了现在，在许多车辆不能行驶的山区，它们也仍是最常使用的交通工具之一。

有一天，一个农民牵着一头驴子和一头骡子走在大路上。驴和骡子驮着几袋重量相等的大米，并肩而行。

路上，驴子不停地抱怨："我驮的货物这么沉，真是累死我了。"

骡子听了，安慰说："老兄，你有什么好抱怨的呢？如果把你的一袋大米加到我的背上，我的负担就比你整整重一倍；如果把我的一袋大米加给你驮，我们的负担才刚刚相等。"

朋友们，你能计算出骡子和驴子分别驮了几袋大米吗？

参考答案

骡子驮了 7 袋大米；驴子驮了 5 袋大米。

第二章 精明的商人

购买皮套的故事

泰国是东南亚的旅游胜地，以其独特魅力吸引着四面八方的游客。

一天，一个香港人来到泰国旅游，他在一家百货商店相中了一架相机。在香港，这种相机的皮套和相机本身一共值3000港币，可这家店主要价410美元，而且他不要泰铢，更不要港币，只要美元。

相机的价钱比皮套贵400美元，剩下的就是皮套的钱。这个香港人掏出8美元，请问他能够买回这个皮套吗？

参考答案

一个皮套是5美元。店主应该找给香港客人3美元。

西瓜的价格

在夏天，西瓜是最能解暑的水果之一。这一年夏天某日，酷暑难当。一个卖西瓜的老农殷勤吆喝："1个大西瓜10元钱，买3个小的也是10

元钱。"

老农的吆喝声招揽了许多顾客，他们你挑我拣，好不热闹。这时，走来一位细心的顾客，他拿起两种西瓜，目测大西瓜直径约 8 寸，小西瓜直径约 4 寸。

他心里犯了难："到底买哪一种更划算呢？"

这时他的儿子拉拉他的衣袖："爸爸，应该买这个！"接着运用在学校所学的知识详细解释了原因，轻而易举地帮爸爸解决了难题。

聪明的朋友，你们说，顾客的儿子是建议买大的，还是小的呢？

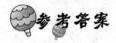参考答案

从体积上算，买大的西瓜划算，买 3 个小西瓜是很吃亏的。

可怜的牧马人

在很久很久以前，有一个牧马人居住在城外。一次，他想要把自己养的马匹赶到中原去出售。可是牧马人在途中每经过一个关口都要交不少过关费，不过聪明的牧马人很快就想到了对策。

每到一个城门的关口，他就对守卫城墙的士兵说："士兵大哥，我身上没有带钱，但是我可以把我一半的马匹给你，当作关税，怎么样？另外，你要把我交给你的马匹当中，留出一匹马来还给我。可以吗？"

守卫城墙的士兵看到有利可图，便欣然答应了牧马人的要求。

于是按照这种同样方法，牧马人通过了 5 个关口。最后到达中原的时候，牧马人只剩下了 2 匹马。

朋友们，你们能够计算出牧马人至少带了几匹马来中原吗？

参考答案

这位牧马人只带了 2 匹马到中原。

思维小故事

年 龄

老王和小李是邻居，老王对小李说："我像你现在这个年纪时，你才 10 岁。"小李说："我到您这么大时，您已经 55 岁了。"问：他们现在都是多少岁？

参考答案

小李 25 岁，老王 40 岁。

小李从 10 岁到他现在年龄，从他现在年龄到老王现在年龄，和老王从现在年龄到 55 岁，三者的差就是他们俩人的年龄差，所以，老王与小李的年龄差是（55 - 10）÷ 3 = 15（岁）。可知小李现在年龄为：10 + 15 = 25（岁），老王现在年龄为：15 + 25 = 40（岁）。

孩子的钱数

在纽约市，有 3 个美国小朋友，他们把裤袋里的钱都拿出来数了数，一共是 320 美元。然后仔细分类，发现其中 100 美元的有 2 张，50 美元的 2 张；10 美元的 2 张。

据统计，每个小朋友所带的纸币同一面值的只有一张。并且没有带 100 美元的孩子又没有带 10 美元的，没有带 50 美元的孩子也没有带 10 美元的。

好了，朋友们，你们能够计算出这 3 位小朋友，每人各带了多少面值的美钞吗？

参考答案

A 带了 100 美元、50 美元和 10 美元，B 带的美元和 A 相同。C 没有带钱。

魔术师的技法

有一位著名的魔术师，最近发明了一个新魔术：他请一位观众上台，提供一枚 2 分硬币和一枚 5 分硬币，让他拿着。然后把两枚硬币分开，任意地放在左手和右手里（当然，观众的左右手拿的分别是哪种硬币，不要让魔术师看到）。

然后魔术师说："亲爱的观众，请你把右手中的硬币币值乘以 3，把右手中的硬币币值乘以 2，然后把它们两个乘积相加，把它们相加的结果告诉我。"

与魔术师合作的那位观众按照魔术师的吩咐，照着做了。然后魔术师很快就猜中了哪只手拿着的是 2 分硬币，哪只手拿着的是 5 分硬币。台下响起了一阵雷鸣般的掌声。

魔术师谢幕后回到后台，他的徒弟好奇地问他是如何做到的。魔术师很神秘地笑笑，说："其实，这个魔术的破解方法是有规律的，如果那位合作的观众得到的和是奇数，那么他的左手拿着的是 2 分的硬币。如果他得到的和是偶数，那么他的右手拿着的是 2 分的硬币。"

朋友们，你们知道这是为什么吗？

 **参考答案**

魔术师的魔术是有科学依据的。魔术师是按照数字的奇偶规则来判断的。因为奇偶之和为奇数，偶数之和为偶数。

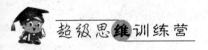

油画的价格

油画是世界艺术中的一块瑰宝。一幅好的油画价格不菲，极具收藏价值。

在很久很久以前，有一个名叫杰克逊的画家，画得一手漂亮的风景油画，在当地小有名气。

这天，杰克逊把一张非常精美的风景油画，出售给了好友汤姆，售价100元。

汤姆购买到这幅作品非常高兴，把它挂在家里最显眼的位置。可是才过了一段时间，汤姆突然觉得自己已经不喜欢这幅画了。于是，他以80元钱的价格，将这幅画回卖给了画家杰克逊。

过了几天，又有顾客登门造访杰克逊，于是杰克逊以90元钱的价格，将那副油画卖给了那位名叫大卫的顾客。

接着，3个人又打起了小算盘。

画家杰克逊窃喜：第一次，我把画卖了，得到100元钱，那个价钱正好是我用掉的时间和原材料的花销，我根本没有赚到利润；然后我花80元钱将它买回，然后又卖了90元钱——所以我总共赚了10元钱。

汤姆的想法和他不同，他想：杰克逊把他画的风景油画卖给我，得到了100元钱，把原先卖给我的又画买回去花了80元钱，计算下来就赚了20元钱；第二次卖多少，我可以不予理睬，因为90元钱才是那张风景油画的价值。

大卫却觉得：画家杰克逊第一次卖画给汤姆得到了100元钱，然后又从汤姆那里把画买回用了80元钱，所以他赚到了20元钱。然而杰克逊从汤姆的手中只用了80元钱，却以90元的价格又卖给了我。这样，杰克逊又赚了我10元钱，所以画家杰克逊一共赚了30元钱。

聪明的小朋友，开动你的脑筋，思考一下画家杰克逊卖掉这幅风景油画后，一共赚了多少钱？画家杰克逊、汤姆、大卫这 3 人到底谁的计算是正确的呢？

参考答案

　　因为我们不知到油画的实价是多少，所以我们无法计算画家到底赚了多少钱，只能知道他"收入"了多少。

赔偿的鸡蛋

　　很久以前，有一个老奶奶，养了很多母鸡，但是她舍不得吃鸡蛋。于是她就把鸡蛋带到集市上去卖，换些钱财度日。

　　这天，老奶奶拎了一大篮鸡蛋准备到集市上去卖。在路上，却不小心被一辆自行车撞到，篮子里的鸡蛋都打碎了。

　　骑车人非常惭愧，赶忙扶起老奶奶："阿婆，你这次带来多少鸡蛋，我赔你钱。"

　　老奶奶捋了捋头发说："这篮鸡蛋的总数我也不知道。当初我和我的老头子从鸡窝里拣鸡蛋的时候是 5 个 5 个拣的，后来恰好多出了 1 个。昨天我的老头子又复查了一遍，他是 4 个 4 个数的，后来也多出了一个。今天，我又重新数了一遍，我是 3 个 3 个数的，后来也多出了 1 个。"

　　听完了老奶奶的一番叙述，年轻人成功地计算出了老奶奶篮中鸡蛋的数量，并且按市场价把钱赔给了老奶奶。

　　聪明的小朋友，你能不能帮老奶奶来计算一下鸡蛋的个数？

参考答案

　　老奶奶鸡蛋的个数是 61 枚。

数字原来可以这样玩

思维小故事

分草莓

学校的老师给 3 组同学分草莓，假如只分给第一组，则每个同学可得 72 个；假如只分给第二组，则每个同学可得 63 个；假如只分给第三组，则每个同学可得 56 个。

老师现在想把这些草莓平均分给这三组的同学，那么，每个同学可以分几个？

每个同学可得到 21 个草莓。

设有 n 个草莓，一组 x 个同学，二组 y 个同学，三组 z 个同学，则 n/x = 72，n/y = 63，n/z = 56。由上式了解草莓数量是 72、63、56 的公倍数；随后算出最小公倍数为 504，分别除以 72、63、56，得出 3 个小组的人数分别为 7、8、9，最后再用 504 除以 7、8、9 的和，得出每个同学分到的草莓是 21 个。

害人的假钞

假钞是一些不法分子印刷的假的钞票，这种钱币在社会上一旦流通开来，会对整个国家的经济造成极大危害。我们现在要讲述的就是一个有关假钞的故事。

一天，小韩的小店里来了一位时髦的顾客，他反反复复地仔细挑选了价值 20 元的商品。顾客付给小韩 50 元钱。小韩因为没零钱，便到隔壁小刘的店里，把 50 元换成零钱，回来找给了顾客 30 元。

顾客离开后不久，小刘便急匆匆地来找小韩。他生气地说："小韩你上当了，刚才那个客人付给你的是假钞。"小韩连声道歉，马上给小李换了张真钞。

那么亲爱的朋友，你能计算出，在这个过程中小赵一共赔了多少钱吗？

参考答案

首先，顾客给了小韩 50 元假钞，小韩没有零钱，换了 50 元零钱，此

数字原来可以这样玩

时小韩并没有赔；当顾客买了 20 元的东西，由于 50 元是假钞，此时小韩赔了 20 元，换回零钱后小韩又找给顾客 30 元，此时小韩赔了 $20 + 30 = 50$ 元；当小韩来索要 50 元时，小韩手里还有换来的 20 元零钱，他再从自己的钱里拿出 30 元即可，此时小韩赔的钱就是 $50 + 30 = 80$ 元，所以小韩一共赔了 80 元。

火车票的种数

以前，火车售票处卖的车票，上面用铅字印着从哪一站上车，到哪一站下车，不允许涂改，也很难伪造。这样就要准备很多种从某站到另外某站的车票，所以售票员的桌上总是有一个大大高高的架子，里面划分很多小格，每一小格里放一种车票。

有一条列车线，在甲、乙两城之间来往，中途停靠 4 站。连头带尾，共有 6 个停靠站。为了这 6 个站，要准备多少种不同的车票呢？

从 6 个站中的某一站出发，目标可能是另外 5 站中的任何一站。所以这一个车站，要准备 5 种票，分别到另外 5 站下车。

从 6 站中的每一站，都可能有旅客上车。6 个上车站，需要准备的车票种数是 $5 \times 6 = 30$ 种。

根据上面的分析，可以得到一个公式：

车票种数 =（停靠站个数 - 1）× 停靠站个数。

假定还是这条列车线，现在决定在途中增加 3 个新的停靠站，那么需要增加多少种新的车票呢？

参考答案

增加 3 个站，总数就变成 9 站。9 个站需要的车票种数是 $8 \times 9 = 72$ 种。需要增加的车票种数是 $72 - 30 = 42$ 种。

买书的价格

小米和小丽是两个非常爱学习的好孩子。她们成绩优异，经常得到老师的表扬。她们非常爱读书，经常结伴到书店去买书。

这天，小米和小丽这两个好朋友又到新华书店去挑选书籍。最后，两人都看中了《爱动脑筋的小咪》这本书。但是她们所带的钱数都不够，小米缺 1.15 元人民币；小丽少了 0.01 元人民币。可惜的是：用小米和小丽两人合起来的钱，仍然不够购买这本书。

朋友们，你们能算出这本书的价格是多少？小米和小丽她们各自带了多少元人民币？

 参考答案

这本书的价格是 1.15 元，小米口袋里没有钱，小丽口袋里有 1.14 元钱。

损失的金额

老李是一个杂货铺的老板。店面不大，但是老李勤奋肯干，早出晚归，服务周到，小店的客人也越来越多，生意非常兴隆。

有一天，一位漂亮的妇人来到老李的店铺，购买了一件饰品。这件饰品的成本是 18 元人民币，标价 21 元人民币。然后这个妇人拿出一张 100 元的人民币现钞要求老李找零。

老李当时身边没有零钱。于是他就用漂亮妇女给的 100 元现钞去和隔

数字原来可以这样玩

壁店铺的老板换了 100 元的零钱，然后找给那位妇女 79 元人民币。

等那个漂亮的妇女走后，隔壁店铺的老板匆匆跑来，大声嚷嚷着对老李说道："老李啊，刚才你给我的那张百元大钞是假钞。不行，你一定要用真钞把这张假钞换回去。"

老李心疼不已，无奈地把 100 元真钞给了隔壁店铺的老板。

朋友们，你能算出老李在这次假钞事件中总共损失了多少元钱吗？

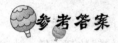

100 + 79 - 3 = 176（元）老李在这次假钞事件中总共损失了 176 元钱。

摆渡的小船

俄国有一位非常著名的作家，名叫列夫·托尔斯泰。他创作了许多优秀作品，在文学界影响深远，被誉为俄国文学之父。下面是一道由列夫·托尔斯泰创作的数学题，让我们来拜读一下。

在很久以前，有几个游人正星夜赶路，走到中途，却被一条河挡住了去路。要过河的话必须有一座桥或者摆渡船。他们没有找到一座桥，但是看到一只小船停在河边。

令人烦恼的是，小船一次最多只能承载 1 个大人或者 2 个小朋友。而要摆渡的 10 个游人中，有 8 个是大人，2 个是小朋友。

请问各位：假设小朋友和大人一样能够单独划船到对岸，要使这些游人都能够安全地乘坐小船到达河对岸，需要怎样安排呢？

首先，让两个小朋友一起划船到对岸，让其中一个小朋友把船划回

来。接着让一个大人把船划到对岸，再让另一个小朋友把船划回来。然后再让两个小朋友一起把船划到对岸。依次而行，就可以把所有的游人都摆到河对岸了。

思维小故事

送牛奶

一位送牛奶的员工每天早晨都要把 128 升的牛奶桶盛满纯牛奶，然后出发去 4 条不同的街道送牛奶，每条街道需要的牛奶升数一样。送完第一

条街，他会用水将牛奶桶灌满，接着，他到第二条街去送牛奶，送完后，再用水把牛奶桶灌满。每送完一条街道就用水把牛奶桶灌满，直到全部客户都被服务到为止。假如全部的客户都供应完之后，桶中还剩下 40.5 升纯牛奶。试问：每条街道分到了多少纯牛奶？

参考答案

第一条街道，送奶人发放了 32 升纯牛奶，第二条街道是 24 升，第三条街道 18 升，第四条街道 13.5 升，总共是 87.5 升。

聪明的商人

在很久很久以前，在遥远的欧洲有两个相邻的国家。他们本来是两个非常和睦的国家，经常礼尚往来，生意不断。

可是因为一些小事，两个国家闹了一些矛盾，埋下了针锋相对的种子，最后甚至要大动干戈。

盛怒之下的 A 国，制定了一条法律："从今往后，B 国的 1 块钱只相当于本国的 9 毛钱。"

于是 B 国也针锋相对，制定了一条法律："从今往后，A 国的 1 块钱只相当于本国的 9 毛钱。"

正当两个国家因为怒气相互较劲时，一个住在国界附近的聪明商人却借助这两条法律，大发其财。

请问小朋友，这位聪明的商人是怎样赚到大量钱财的呢？

参考答案

在 A 国，他用 A 国的 90 元换 B 国的 100 元；再到 B 国，用 B 国的 90 元再换 A 国 100 元，如此反复，此人持有 A、B 两国的货币越换越多。

魔术师的魔术

在很久很久以前，有一个非常贪婪的商人，总是幻想着自己有一天能成为暴发户。

这一天，机会来了。他遇到了一名魔术师，那魔术师对他说："朋友，我有一个魔盒，只要你把钱放到这只漂亮的魔盒里，然后数到50，这样你的钱数就会加倍。"

魔术师顿了顿，指着手中的魔盒，继续说道，"不过，有一个条件，每变一次魔术，你必须给我60元钱作为酬劳。"

贪财人听了魔术师的这番话，考虑了一下，觉得这是一次发财的好机会，便同意了魔术师的要求。

接着，贪财人把钱从口袋里拿出，放进魔术师的魔盒里，然后轻轻地数到50，接着打开魔盒。

"哇!"他激动得大叫，魔盒里的钱果然翻了一倍，他满意地取出60元钱付给了魔术师。

然后贪财人再次把自己的钱从口袋里拿出，放进了魔术师的魔盒里，然后他轻轻数到50，接着打开魔盒，钱数又翻了一倍。他再次满意地取出60元钱，付给了魔术师。

到了第三次，当他付给了魔术师60元以后，口袋里就一分钱也没有了。

那么请问小朋友，贪财人总共有多少钱在口袋里？

参考答案

在这次精彩的魔术中，贪财人总共有52.50元在口袋里。

数字原来可以这样玩

思维小故事

开 灯

天黑了，妈妈叫小军开灯，小军想捉弄一下妈妈，连按了 7 次开关。猜猜这时灯亮了没？假如按 20 次呢？25 次呢？

按 20 次灯是关闭的，25 次是亮的。

小军按第一次开关时灯已经亮了，再按第二下灯就灭了，假如这样按下去，灯在奇数次时是亮的，偶数次是关的，因此，7 次后灯是亮的，20 次是关的，25 次灯是亮的。

开会的人数

你有没有到会议室里开过会？现在，我们就来讲述一个有关开会人数的问题。

一个小会议室里，放着几把 3 条腿的凳子和 4 条腿的椅子。当时正好是会议时间，每把凳子和椅子上都坐着人。

一个小朋友数出了房间里一共有 39 条腿，那么请你计算出：这个小型会议室里有几只凳子、几把椅子和几个人。

参考答案

3 把凳子，4 把椅子，7 个人。

服务费的多少

在很久以前，有一家中介公司，老板经营有道，顾客络绎不绝。这家公司根据服务项目所涉及的资金数量，按一定比例收取中介费用。

该公司的今天收费标准如下：1 万元人民币（含 1 万元人民币）以下收取 50 元人民币；1 万元人民币以上，5 万元（含 5 万元人民币）以下收取 3%；5 万元人民币以上，10 万元人民币以下（含 10 万元人民币）以下收取 2%。

如果一项服务项目所涉及的金额是 5 万元人民币以上，公司应该另收取服务费 1250 元人民币。那么，如果一项服务项目所涉及的金额是 10 万元人民币时，公司应该收取的中介费是多少元人民币？

这家中介公司按照公司规章，应该收取的中介费是 $1250 + 100000 \times 2\% = 3250$ 元人民币。

损失了多少钱

一家鞋帽商店正在降价处理一批软羊皮手套，由于羊皮手套的颜色深浅不同，所以店家允许顾客一只一只挑选。

其中有一位顾客反复挑选了半天，终于选中了两双羊皮手套，价格为 38 元人民币。他取出 50 元人民币的钞票交给营业员付款。当时，营业员身上没有零钱，就向商场旁边的小服装店的老板兑换了 50 元人民币。然后营业员留下 38 元人民币，把剩下的 12 元人民币交给了顾客。顾客很满意地拿着手套离开了。

过了不久，营业员发现那名顾客拿走的四只羊皮手套都是左手手套。正在营业员懊恼的时候，服装店老板找到他：刚才营业员给服装店老板的那 50 元的钞票是假的。营业员只好赔给服装店老板 50 元真钞。

现在，请问各位小朋友，你能算出商店共损失了多少钱吗？

这家鞋帽商店一共损失了 88 元人民币。

算一算哪个最便宜

新年将要到来，玛丽准备购买年货。因为是年底，许多商家正在进行促销活动。

玛丽走进一家大型商场，想购买一些打折商品。她看中了一罐滋补品，这罐滋补品的原价是 20 美元。

值得一提的是：有两家柜台都有同一款滋补品售卖，他们推出了不同的促销手段，相同的滋补品，其中一家超市的优惠是"买 5 罐送 1 罐"；另一家超市的优惠是"买 5 罐便宜 20%。"

这可让玛丽犯了难，她想："究竟买哪一家的比较划算呢？哪家划算，我就买哪家的。"

聪明的小朋友，你能帮玛丽解决这个问题吗？

"买 5 罐便宜 20%"的那家商店的价格最划算，所以玛丽应该去"买 5 罐便宜 20%"的那家商店。

一共卖了多少鱼

在很久以前，有一个漂亮的女孩名叫莉莉。她从小就惹人喜爱，活泼开朗。不幸的是她的亲生母亲很早就去世了，继母对她十分苛刻。

那时候莉莉只有 10 岁。一次，继母叫她背着满满的鱼篓到市场上去卖鱼，并且规定："这个鱼篓里的鱼几乎都是一样大小，不许带秤，只能按条数卖鱼。当然，每条鱼的价格都一样。"

莉莉的鱼终于卖完了，继母的脸上终于露出了满意的笑容。莉莉的爸爸也非常高兴，他轻声问莉莉卖了多少鱼。

莉莉回答说："鱼篓里的鱼是按照条数卖给客人的，总共卖了几条，我也没有数。但我还是记得第一个客人购买了鱼篓中的鱼的一半加半条；第二个客人购买了鱼篓中所剩的鱼的一半加半条；第三个客人购买了鱼篓中所剩的鱼的一半加半条。以此类推，一直到第六个人来购买我的鱼，他同样也是购买了鱼篓中所剩的鱼的一半加半条。这时鱼篓中的鱼正好卖光。爸爸，你说我一共卖了多少条鱼呢？"

故事讲完了，你能计算出鱼篓里的鱼的条数吗？

参考答案

莉莉在这一天里，一共卖了 63 条鱼。

小饰品的单价

小敏和小丽是亲姐妹,她们形影不离。一次,小敏陪小丽去一家商城买发卡。

小丽在柜台上仔细挑选了 4 个非常漂亮的发卡。小敏算了一下,一共6.75 元人民币。其中有一个只要 1 元钱。

正当小丽准备付款的时候,小敏发现柜台老板用计算机计算价钱的时候,按的不是加法键而是乘法键!

小敏看到柜台老板按错了按键,想要提醒他,可她转头一看显示屏,却惊奇地发现计算机算出的数字也是 6.75 元。店主没有按错数字。

那么,亲爱的朋友们,你们知道这 4 件发卡的价格各是多少吗?

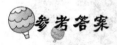 参考答案

4 件发卡的价格分别是 1 元、1.5 元、2 元、2.25 元。

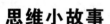 思维小故事

弹 珠

玲玲和豆豆一起到草地上玩弹珠,玲玲对豆豆说:"把你的弹珠给我 2个吧,这样我的弹珠就是你的一倍了。"豆豆对玲玲说:"还是把你的弹珠给我 2 个吧,这样我们的弹珠就一样多了。"请想一想,玲玲和小豆豆原来各有几个弹珠?

数字原来可以这样玩

参考答案

玲玲有 14 个弹珠，豆豆有 10 个。

先假设玲玲有弹珠 x 个，豆豆有弹珠 y 个；由玲玲的话能够得到 $x+2 = 2(y-2)$；由豆豆的话能够得到 $x-2 = y+2$；解两个式子得 $x = 14$，$y = 10$。

珠宝店的损失

珠宝店，顾名思义就是专门出售玉石和各类珠宝的商店。

一天，一家珠宝店敞开着大门，正在营业。一位穿着时髦的美丽少妇走进了珠宝店，她随便扫了一眼后，便提出买下一枚标价为 8 000 元人民币的翠玉玉佩。店主非常高兴，以为自己可以大赚一笔，小心翼翼地把这枚翠玉玉佩包装好，卖给了美丽少妇。

而美丽少妇则将一张支票递给了店主。店主当时没有足够的现金来找给少妇，便拿着那张支票找隔壁服装店的老板换了 10 000 元现金，然后找给少妇 2 000 元人民币。

待美丽少妇离开珠宝店以后，服装店的老板激动地从银行跑回珠宝店，对珠宝店老板说："老朋友，你被骗了！刚才那个女人给的支票是张假支票。"珠宝店老板如被晴天霹雳击中，无奈地还给了服装店老板 10 000元现金。

就这样，珠宝店老板损失了 8 000 元人民币的玉佩，并赔偿了服装店老板 10 000 元人民币，加起来一共损失了 18 000 元。

但是珠宝店老板却说他还找给那个少妇 2 000 真的人民币。那么这样计算下来珠宝店老板的损失更大：要高达 20 000 元人民币。

好了，朋友们开动你的小脑筋想一想。珠宝店老板实际上到底损失了多少？

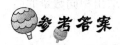

参考答案

珠宝店老板损失了 10 000 元人民币。

— 45 —

一共要印刷几页

在以前，排字印刷都是靠人工来拣字排版的，因此印刷工人的工作量很大。那么现在我们就来讲一个现代电脑敲字的故事。

我们知道排版工人排版的时候，每敲入一个数字，就要敲一下。例如15，就要敲"1"和"5"两个字；158，就要敲入"1""5""8"三个字。

这天，排版工人正在加工录入一本书的内容，任务十分艰巨，仅录入所有页码就用了6869个铅字。那么，不计算封面、封底和扉页的话，这本书共有多少页呢？

这家印刷厂的排版工人，所印的这本书共有1994页。

卖西瓜的故事

小李和小陈是瓜农，两家是邻居，夏天西瓜成熟后，经常一起把西瓜运到城里去卖。

这天，小李身体不舒服，不能出门，就把一些西瓜委托给小陈，请他代卖，定价为10元钱3个。小陈欣然答应了，也从家里取出相同数量的西瓜运到集市，定价本来是10元钱2个。

现在小陈为了公平起见，把小李的西瓜和自己的西瓜放在一起，以20元钱5个捆绑出售。所有的西瓜都卖完之后，小陈发现自己所赚的钱比单独卖少了20元。

那么亲爱的小朋友，你能不能说出他俩当时各有多少个西瓜呢？

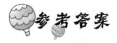

各有 120 个西瓜。

买铅笔的故事

一次，学校要举办六一儿童节联欢会，联欢会上大家要表演节目，然后做游戏。游戏胜利者可以获得奖品，分别是普通铅笔、彩色水笔、两用铅笔和自动铅笔。班主任把购买奖品的任务交给了班长李杰。

班长李杰拿着钱来到文具店，一共买了 50 支铅笔：15 支普通铅笔，每支 0.24 元；7 支彩色铅笔，每支 0.28 元；12 支两用铅笔和 16 支自动铅笔。接着，收银员阿姨打印了一张 9.10 元的电脑收银条，交给李杰。

李杰已经忘记了两用铅笔和自动铅笔的价格，但是他只看了看收银条，就知道收银条上的价格弄错了。他把收银条交还给了收银员阿姨，提醒她：收银条上的价格弄错了。

收银员重新核对了一下，发现真的是搞错了。

那么朋友们，请问：李杰是靠什么发现收银条搞错了的呢？

参考答案

因为两用铅笔和自动铅笔的数目，普通铅笔和彩色水笔的价格都是 4 的倍数。所以全部文具的价格总金额也应该是 4 的倍数，但是 9.10 元不能被 4 整除。所以可以断定共计金额有误。

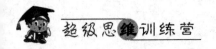

思维小故事

牧场的牛

　　小辉的爸爸是个牧场主，他养了10头牛。一天爸爸对小辉说："假如你能让4个栅栏里都有10头牛，我就把这座牧场给你。"小辉并没有去别的地方买牛，却很快就使4个栅栏里都有了10头牛。你知道他是怎么做到的吗？

他将 4 个栅栏围成一个环形，在最里面的栅栏里放了 10 头牛。

公司的礼仪

以前，有一家日本公司，效益很好，有 15 名男员工和 5 名女员工。

这家公司有一个规定：每天早上在上司训话之前，每一位员工必须要向每个同事和唯一的老板，用深鞠躬的方式请早安。

朋友们，请问在这整个公司里，每天的员工道早安的次数是多少，也就是说：每天发生的鞠躬事件为多少？

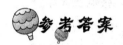参考答案

在这个公司里，每天的员工道早安的次数，也就是每天发生的鞠躬事件为 400 次。

错误数字的查找

小胡是一家超市的收银员，超市效益很好，小胡的薪水也不低。她十分珍惜这份工作，上班十分卖力，几乎没有出现任何工作上的差错。可是有一天，她却碰到了一件麻烦事。

那天，小胡在晚上下班查账时，发现现金比账面少了 153 元人民币。她肯定实际收到的钱数是不会错的。出现错账的原因，只能是自己在记账

数字原来可以这样玩

的时候有一个数字点错了小数点。但是是哪个账目点错了呢?

那么亲爱的朋友们,你能否帮助小胡从令人眼花缭乱的账目中找到这个错数呢?

参考答案

如果是小数点搞错的话,账上多出的钱数应该是实收的 9 倍。所以 $153 \div 9 \times 10 = 170$。由此可见,小胡找到 170 元改成 17 就可以了。

赠送的酒席

这个家庭有 5 口人,每到周末,全家人都会去一家不错的餐厅改善伙食。几次后,全家人都和老板熟络了,就请老板送他们一张免费餐券。

聪明的老板想了想,说道:"不如这样,以后每次用餐,你们所坐的位子都要调换,直到 5 位排列的顺序没有重复为止。到那一天,我送 10 张免费餐券给你们。怎么样?"这家人家很爽快地答应了,但是实际上他们是上了精明的老板的当了。

那么这家人要在这个饭店吃多少次饭才能得到老板的 10 张免费餐券呢?

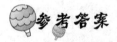参考答案

这家人要过 840 天才能吃到老板免费送的 10 餐。

分薯条

老师买了一些薯条，这些薯条一共分装 48 袋，老师对小朋友说：假如谁能把这些薯条分成 4 份，并且使第一份加 3、第二份减 3、第二三份乘 3、第四份除以 3 所得的结果一致，那谁就能够吃这些薯条了。小花想了好长时间，终于把这个问题想出来了。聪明的你知道如何分吗？

数字原来可以这样玩

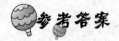

参考答案

4 份分别是 6、12、3、27 袋。

设 4 份相等时为 x，则第一份为 $x-3$，第二份为 $x+3$，第三份为 $x/3$，第四份为 $3x$，因为总和为 48，求得 $x=9$。这样就知道每一份各是多少了。

买鸡和卖鸡

从前，有个老大妈，在市场上花了 8 元钱买来一只老母鸡，买好鸡以后又觉得不划算，就以 9 元钱的价格把鸡转手卖掉了。

卖掉鸡后，老大妈又想起今天是小孙子的生日，她想："小孙子最爱吃鸡，买一只新鲜的活鸡给他庆祝庆祝生日吧。"

于是老大妈花了 10 元钱把鸡买了回来。可是回家一看，丈夫已经提前买好了几只鸡。于是老大妈又以 11 元的价格把这只鸡卖给了别人。

请问：老大妈一共赚了多少钱？

参考答案

老大妈第一次赚了 1 元钱，第二次又赚了 1 元钱。所以老大妈一共赚了 2 元钱。

贸易会上的问题

你们知道什么叫贸易会吗？贸易会就是生产商、供货商及销售商进行货物交易的场所。我们现在就来讲述一个在贸易会上发生的故事。

在一次贸易会上，有 5 个人进入贸易厅。按照贸易会会场规定，每个进入贸易会的人，都必须把随身携带的公文包交给保安检查。检查完毕后，保安再把公文包还给他们。

这次，由于保安的疏忽，4 个人离开时发现每个人拿的都不是自己的公文包。

朋友们，请你思考一下，这种情况发生的概率是多少？再想一想，如果是 n 个人发生了这个情况，这种情况发生的概率又是多少呢？（$n > 1$）

 **参考答案**

这种情况发生的概率是 1/25，如果是 n 个人，这种情况发生的概率是 $1/n \times n$。（$n > 1$）

卖房子的结果

很久以前，有个中年人叫约翰。他辛勤工作，省吃俭用，终于攒足钱在一个偏僻的居民区买了一栋二手房。

这栋二手房，是约翰从房东那里以八折的优惠价买下来的，原价 3000 美金。十分欣喜的约翰很快搬入新居。过了几天，他一个朋友远道而来看望约翰，在约翰家住了几天后，提出一个要求：他要求约翰把这套房子以买价加两成转卖给他。

这位朋友是约翰生死相依的好战友，约翰在服兵役时他曾经救过自己的性命，所以约翰想也没想，便答应了他的要求。

那么朋友们，你们能说出在这次交易中约翰到底是赚了多少或者亏了多少呢？

参考答案

因为约翰以 2400 美金的价格买来的房子加上两成卖出去，所以约翰赚了 480 美金。

谁来听课

前苏联卫国战争时期，一位战斗英雄到各街道演讲。他的演讲十分精彩，每次演讲完以后，都有很多人要求和他合影留念，并请他签字。他都一一答应了。

这一次演讲结束，有人问他："同志，您好。您这次演讲一共有多少人来听您的课？"

战斗英雄笑着说："在这次演讲的听众当中，有一半是机关干部；有 1/4 是工人；有 1/7 是农民；当然，还有 3 名学生。"

亲爱的朋友们，你们能够计算出这次演讲一共有多少人来听战斗英雄的演讲吗？

参考答案

这次演讲一共有 28 人来听战斗英雄的演讲。其中机关干部 14 人，工人 7 人，农民 4 人，学生 3 人。

思维小故事

数数小猴子

在一个马戏团里，有大小猴子共35只。为了训练猴子，训练师带领它们一起去采摘桃子，当训练员不在的时候，一只大猴子1小时能够采到15千克桃子，一只小猴子1小时可采到11千克桃子。当训练员在场监督的时候，每只猴子不论大小每小时都能够采20千克桃子。这些猴子，一天共采摘了8小时，其中，仅有第1小时和最后1小时有训练员在场监督，结果它们共采摘3 926千克桃子。试问，在这个猴群中，小猴子共有多少只？

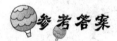参考答案

26只。

由题意可知训练员在场的2个小时内共可采得 $20 \times 2 \times 35 = 1\,400$ 千克，那么其余6个小时共采得 $3926 - 1\,400 = 2\,526$ 千克。假设都是大猴子的话，则可采 $15 \times (8-2) \times 35 = 3\,150$ 千克。因此在这个猴群中，共有小猴子 $(3\,150 - 2\,526) \div (15 - 11) \div (8 - 2) = 26$ 只。

卖蟹的故事

阿力是一个卖螃蟹的小贩，他每天日出而作，日落而息，工作虽然辛苦，但是一分耕耘一分收获，他的收入颇丰。

这一天，阿力背着一篓又肥又大的蟹，到集市上出售，每500克开价100元。

数字原来可以这样玩

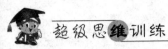

　　几位顾客俯下身挑选，其中一名顾客说："老板，你的蟹长得又肥又大，不错啊！"

　　阿力乐呵呵地点点头。

　　那位顾客接着说："不过蟹脚蟹钳吃起来很麻烦的，要是只卖蟹肚就好了。"

　　阿力听完，皱了皱眉，心想："这家伙怎么这么奇怪，哪有蟹肚和蟹脚蟹钳分开卖的？"

　　这时，另一名顾客说："正好，我和他相反，我只要蟹脚蟹钳，做下酒菜也蛮好的。"他停了一停，对阿力说："不如这样，你的这些蟹，我们全包了。我拿蟹脚蟹钳，他拿蟹肚。你现在每斤100元，那么蟹肚算70元，蟹脚蟹钳算30元。70加30还是100元。我们没有和你还价。不过麻烦你把每只蟹的蟹脚蟹钳都拆下来，分别称一下。怎么样？"

阿力心里盘算了一下，觉得那个人说的非常有道理，于是就答应了。

结果用秤称下来：蟹肚共计 1500 克，蟹脚蟹钳共计 500 克。于是一个人支付了 210 元钱，另一个付了 30 元。付完钱两名顾客就拎着各自购买的物品，急匆匆地走开了。

等他们两个人都走了，阿力觉得不对。他数着手上的钱，纳闷：我的这批螃蟹一共是 2 000 克，我应该得到 400 元钱，但是现在怎么只有 240 元钱了呢？

朋友们，你们能够帮阿力想一想少收的 160 元钱到那里去了吗？

 **参考答案**

因为应该是蟹肚、蟹脚、蟹钳总共买 500 克的时候，蟹肚蟹脚蟹钳都是 100 元。但不能单独（分开）计算。

一共有几名常客

从前，有一家店铺，主人十分好客，为了薄利多销，店铺的商品定价都很低，赢得了许多顾客的青睐。顾客们你来我往，络绎不绝，生意十分火暴。

这天，店老板的一位好友过来看望他，不经意间问起，这家店铺常来的顾客有多少人。

店铺老板笑眯眯地回答："在我的常客里，有一半是事业有成的中年男士，1/4 是上班族，1/7 是在校学生，1/12 是警察，剩下的 4 位则是附近生活的老爷爷。"

你们，亲爱的小朋友，你能计算出这位店铺老板的常客一共有多少吗？

参考答案

这位店铺老板的常客一共 168 人。

有没有免费的午餐

俗话说"天下没有免费的午餐"。可是有一位餐厅老板，却用一种极其昂贵的营养品——鱼翅，来供客人免费享用。你信不信有这样的好事呢？如果不信，就来看看我们的这个故事。

有 10 个政府部门同事来到一家餐馆聚餐，他们不知道该以何种次序安排座次，为此争执不休。有人提议按年龄入座，有人认为应该按资排座，有人要求按个子就座。

这时，餐厅的总经理过来安抚他们，他说："各位请尽快随意入座，如果你们能接受我接下来说的条件，我将免费赠送给你们本店最昂贵的鱼翅席款待各位。"

10 位同事听了，连忙入座，也顾不上什么次序了。

老板等他们坐定后，继续说："谢谢大家的配合，我的条件是这样的：以今天各位所坐的位置为基准，以后每天过来用餐都必须调换成新座位，当每人都轮番坐过所有的位子，而且每个人所坐的位置正好和现在所坐一样，我就亲手奉上本店最昂贵的鱼翅席。"

10 位同事拍手叫好，不知道自己已经落入了餐厅老板的圈套。

请你算算看，餐厅老板隔多少日子才会送出鱼翅席呢？

参考答案

海鲜楼的老板送出鱼翅席的日期，实际上是办不到的。因为安排座位的数字太大了。它是 362 800 次，这个数字的天数约为 994 年。

换鸡蛋所遇到的问题

有位数学家名叫列昂纳德·欧拉，他是世界上最伟大的数学家之一，他所解答的数学难题不计其数。同时，他也给那些喜欢数学的小朋友出了许多有意思的数学难题。

现在就让我们来研究一下列昂纳德·欧拉所出的一道的数学难题吧——

一天，甲、乙两位农民正在市场上卖鸡蛋，他们一共有100个鸡蛋。两个农民的鸡蛋数目不一，价格也不同。可卖完后他们的钱数却是相同的。

于是甲农民对乙农民说："如果你的鸡蛋换给我去卖，我可以卖得15块钱。"

乙农民回答说："是啊，可是你的鸡蛋换给我去买的话，我却只能卖六又三分之二块钱。"

请问这两个农民各有多少个鸡蛋？

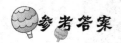 参考答案

甲农民一共有40个鸡蛋，乙农民一共有60个鸡蛋。

思维小故事

新的工作安排

一家公司正在考虑改变关于日常工作时间的规定。目前该公司要求全部的员工早上8：00到达并开始工作；而提议中的规定会允许员工自行决

定什么时候到。最早从早上 6：00、最晚到上午 11：00。请问：假如员工的工作职责要求他们怎样做，该规定的采用就可能降低员工的生产率？

A. 工作时不受其他员工的妨碍。

B. 每天至少一次与其他公司的员工进行磋商。

C. 把他们的工作交给一位管理人员最后批准。

D. 整个工作中经常相互联系。

E. 承担需要数日来完成的项目。

参考答案

选 D。

《童话故事选》的单价

　　朋友们，你们喜不喜欢看童话书呢？是不是被故事里引人入胜的情节所吸引呢？那么你有空可以去书店逛一逛，那里的书籍琳琅满目，让人目不暇接。

　　这一天，有 6 个同学一起前去新华书店，购买精装版童话故事选，他们每个人都想买一本。但是大家身上分别有 18 元、14 元、16 元、19 元、31 元和 15 元，谁的钱都不够买一本，但是其中有两个同学的钱合起来恰好可以购买一本，另外 3 个人的钱合起来恰好可以再买一本。每本精装版《童话故事选》的单价是多少？

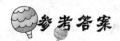参考答案

　　每本单价是 49 元。

小贩之间的交换

　　在上海的一个郊区，有 3 个小贩老王、老李、老张，他们的牲口生意鲜有人问津。这天，他们聚在一起闲聊，发现 3 个人如果进行一些交换，相互之间的牲口数会发生十分有趣的变化。

　　如果把老王的 6 头猪交换老李的 1 匹马，那么老李的牲口数将是老王牲口数的 2 倍。

　　老张如果用 14 头羊来交换老王的 1 匹马，那么老王的牲口数将是老张所有牲口数的 3 倍。

数字原来可以这样玩

老李如果用 4 头牛交换老张的 1 匹马，那么老张的牲口数将是老李牲口数的 6 倍。

聪明的朋友，你能不能计算出老王、老李、老张三人各自有多少头牲口？

参考答案

在这 3 名小贩中，老王有 11 头牲口，老李有 7 头牲口，老张有 21 头牲口。

赚钱还是赔钱

城南的百货公司新进了一批新款服装。这批服装款式新颖，质地柔软，很受顾客的青睐。

随着这款服装的销量与日俱增，经理决定提价 10%。但是好景不长，过了一段时间，服装便开始滞销，经理便决定降价 10% 来吸引顾客。

对此，人们议论纷纷，有人认为百货公司在瞎折腾，这一提一降实际上还是回到了原来的价格；有的人认为百货公司还是赚钱了，他们不会干赔本的买卖；还有人说百货公司自作聪明，实际上是赔了钱的。

朋友们，你们来计算一下，百货公司是赚了呢？还是赔了呢？或者是不赚也不赔？

参考答案

百货公司实际上比原价赔了 1%。

思维小故事

石匠的怪题

大约在 200 年前，美国的贝克顿市有个古怪的石匠叫托马斯。他去世后，人们发现他在一所房子的墙壁上刻了一道古怪的数学题：

从数字之和为 45 的一个数里，减去另一个数字之和也是 45 的数，只有当差的数字之和也是 45 时，这道题才算解对了。

这道题使当地的居民伤透了脑筋，一些数学爱好者也苦思不解。后来，有人发现 1～9 这 9 个自然数的和恰好是 45，便恍然大悟，终于解开了这个谜团。你知道这是一个什么样的算式吗？

数字原来可以这样玩

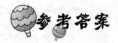

9个依次排列由大到小的阿拉伯数字，减去它的逆序数，恰好符合题目要求。即：987654321 - 123456789 = 864197532。

卖丝巾的问题

朋友们，你们平时有没有注意过妈妈佩戴的丝巾？丝巾既好看又保暖，看起来还很有风度。我们现在要讲述的就是与丝巾有关的故事。

有一次，一家小型的饰品店正低价处理一批丝巾。最初，一条丝巾定价20元，但没有人光顾。老板便决定降价到8元一条，结果还是没人要。老板只好再次降价，售价为3.2元一条，却依然卖不出去。老板只好把价格一降再降，目前是1.28元一条。老板心想，如果这次再卖不出去，就要按成本价销售了。那么这条丝巾的成本价是多少呢？

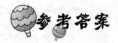

老板降价是有规律的，他每次都是以原价格的2.5倍往下降，20/8 = 2.5，8/3.2 = 2.5，3.2/1.28 = 2.5，1.28/2.5 = 0.512。因此，这条丝巾的成本价是0.512元。

愚蠢的富翁

有两个富翁，一个头脑精明，一个吝啬刁钻，他们比邻而居，贪财好利是他们的共同特点。

这天，精明的富翁找到吝啬的富翁，向他提议打一个赌。

精明的富翁说："咱们以一个月时间为期限，来打一个赌吧。"

吝啬的富翁说："先说来听听，是什么赌！"

精明的富翁说："接下来30天内，我每天给你1万元。"

吝啬的富翁笑道："有这么好的事？那我是不是要每天给你两万元呢？"

"不，你第一天只要给我一分钱就好，然后第二天给我第一天的双倍，就是两分钱；第三天再给第二天的双倍，也就是四分钱，以此类推，一直到30天结束。怎么样？"精明的富翁压抑着内心的欲望，冷静地说。

"哈哈，当然没问题。"吝啬的富翁说，"为免你后悔，咱们不如签协议，并找几个公证人公证吧。"

"我正有此意。"精明的富翁说。

吝啬的富翁喜出望外。于是他们签了协议，找来公证人公证。把手续办好后，双方就开始按照合同所说按时给对方送钱。短短10天之内，吝啬的富翁就从精明富翁那里获得了10万元现金，而精明的富翁只从吝啬富翁那获得了可怜的10.23元钱。但是精明的富翁似乎还很高兴，每天准时按约定送给吝啬富翁1万元钱。

日子就这样一天一天过去，到了20多天，吝啬的富翁突然中止赌约。

精明的富翁在公证人支持下，逼迫吝啬富翁继续执行协议，在30天结束，吝啬的富翁竟把全部家当都输光了。

朋友们说说看，吝啬的富翁一共要付给精明富翁多少钱呢？

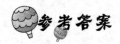 参考答案

吝啬的富翁在一个月内共得到30万元。他需要付给对方的钱，总数是：$1 + 2 + 4 + 8 + 16 + 32 + \cdots + 536\ 870\ 912 = 1\ 073\ 741\ 823$（分）$= 10\ 737\ 418.23$（元）。

找零钱的故事

小正是一个非常聪明的孩子，一天，他去商店买铅笔，每支3角钱，共买9支，应该付款2元7角。

但是服务员只有2角的零钱；而小正手里的零钱都是5角的，两人都没有1角的零钱。

那么朋友们，请问聪明的小正有没有办法把零钱找开呢？

小正付出7张5角的零钱，服务员找回4张2角零钱即可。

第三章　分东西的诀窍

房间的价格

　　一天，有 3 位客人住进了同一家宾馆。他们各住一间房间，每间客房的价格是 10 元钱。所以他们 3 人一共付给宾馆老板 30 元现金。

　　过了一会儿，老板决定给他们的租金打折，对这 3 间房一共只收 25 元，然后把多余的 5 元现金退还给 3 个客人。

　　于是叫来一名服务员，让他把 5 元现金退还给 3 个客人。可是贪小便宜的服务员偷偷地扣下 2 元钱，然后给 3 个客人每人退还了 1 元。

　　当服务员回去向老板报告时，却发现不对劲：他返还 3 个客户各 1 元钱，这样就等于那 3 位客人每人各花费了 9 元钱，3 个人住宿一共花了 27 元钱，加上自己私吞的 2 元钱现金，总共是 29 元。那还有一元钱哪里去了呢？

　　亲爱的朋友，你说说看，那一元钱去哪了呢？

 参考答案

　　其实顾客总共只花了 27 元，这 27 已经包括了服务员私吞的 2 元和老板实收的 25 元。在这件事中不会存在少了 1 元的说法。

数字原来可以这样玩

桃子的分配

又到了桃子成熟的季节。猴子妈妈把给小猴一天要吃的桃子，按照早、中、晚三餐，依次放在 3 个盆子里。

猴子妈妈走后，小猴看了一看，觉得晚餐太多，早餐太少，于是就动手从第 1 个盆子里取出 2 个桃，放在第 2 个盆子里；从第 2 个盆子里取出 3 个桃，放在第 3 个盆子里；从第 3 个盆子里取出 5 个桃，放在第 1 个盆子里。这时 3 个盆子里的桃子数量都是一样的，每个盆子里各有 6 个桃子。放完桃子，小猴满意极了。

好了，亲爱的小朋友，你能计算出猴子妈妈原来是怎么给小猴分配早餐、午餐和晚餐的？

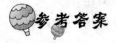

妈妈给小猴分配早餐 3 个桃子，午餐 7 个桃子，晚餐 8 个桃子。

思维小故事

装 修

有一个人准备装修房子，他请了几个人，并且按照下面的账单付了工钱：裱糊匠与油漆工 1 100 美元，油漆工与水暖工 1 700 美元，水暖工与电工 1 100 美元，电工与木匠 3 300 美元，木匠和泥水匠 5 300 美元，泥水匠和油漆工 3 200 美元。请问：每个工人的要价是多少？

假设裱糊匠为 a，油漆工为 b，水暖工为 c，电工为 d，木匠为 e，泥水匠为 f，那么就得出下面的一些列算式：

$a + b = 1\,100$

$b + c = 1\,700$

$c + d = 1\,100$

$d + e = 3\,300$

$e + f = 5\,300$

$f + b = 3\,200$

然后以此推算，每位师傅的要价是：裱糊匠 200 美元，油漆工 900 美元，水暖工 800 美元，电工 300 美元，木匠 3 000 美元，泥水匠 2 300 美元。

数字原来可以这样玩

分苹果的故事

小明、小白、小黑是 3 个非常要好的好朋友，有一次，他们到城里游玩，在朋友的推荐下，他们合买了好多又甜又大的苹果，晚上，他们一起在小明的亲戚家睡觉。

第二天一早，小明第一个醒来，看到其他两人正在睡觉，便自作主张地将苹果分成 3 份，结果发现苹果还多 1 个，他想也没想就把多出来的那只苹果给吃了，然后拿着自己的那份独自回家去了。

小明离开不久，小白第二个醒来，他看到小黑正在睡觉，又发现小明不在屋里。他想："糟糕，粗心大意的小明怎么没有带苹果就先走了呢？不行，我来把苹果分一下，让他回来重新取走属于他的那份苹果。"于是他又把苹果分成 3 份，结果发现苹果还多 1 个，他想也没想就把多出来的那只苹果给吃了，然后拿着自己的那份回家去了。

小白离开不多久，小黑最后一个醒来，他看到小明和小黑都已经离开了，再一看桌上的一堆苹果，他想："糟糕，粗心大意的小明和小白怎么没有带苹果就先走了呢？不行，我来把苹果分一下，让他们回来重新取他们的苹果。"于是也将苹果分成 3 份，结果苹果又多了 1 个，他也把多出来的苹果给吃了，然后拿着自己的那份回家去了。

好了，亲爱的朋友们，问题来了，请问：一开始小明、小白、小黑至少买了几个苹果？

小明、小白、小黑合买了最少有 25 个苹果。

检票口的个数

一天，明明的爸爸带明明坐火车前往省会，去给爷爷奶奶拜年，明明非常兴奋。

在等待进站检票的时候，明明发现一个问题：旅客在车站候车室排队等候检票，排队的旅客数量按照一定的速度在增加，检票速度保持不变；当车站开放一个检票口，需用半小时待检旅客可全部检票进站；同时开放两个检票口，只需 10 分钟旅客便可全部进站。

现在，有一班增开的列车过境载客，必须在 5 分钟内让旅客全部检票进站，问至少要同时开放几个检票口？

参考答案

为了让旅客能够在 5 分钟内进站上车，车站至少要同时开放 4 个检票口。

哪个公司薪水高

从前，有一个名叫菲尔的大学生，他聪颖好学成绩优异，是大学里的优等生。在他大学毕业不久，就有两家公司同时愿意录取他。当然，分身乏术的菲尔只能在这两个公司中选择一家。

因为这两份工作的发展机会差不多，而且年薪都是 100 000 美元；所以今后的加薪幅度，就成为了菲尔考虑进入哪一家公司的主要因素。对于菲尔的顾虑，两个公司给出了不同的条件。

数字原来可以这样玩

甲公司保证他的薪水每 6 个月可以增加 3 000 美元。乙公司则保证他的薪水每 12 个月增加 12 000 美元。

那么亲爱的朋友，如果你们是菲尔，会选择哪一家公司呢？

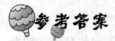
参考答案

在这两家公司中，相比之下菲尔计算出：甲公司待遇高，所以选择了甲公司。

皇后的首饰

古时候，一位皇后把自己几位美丽的女儿叫到身边，想赏赐她们一些首饰。但是，她出了一道题来考验公主们。

皇后说："我有一个金首饰箱和一个银首饰箱，箱子里分别装有几件首饰。如果我把金首饰箱中 25% 的首饰赠送给第 1 个算出这道题目的人；我把银首饰箱中 20% 的首饰赠送给第 2 个算出这道题目的人；然后我再从金首饰箱中取出 5 件，送给第 3 个算出这道题目的人；接着，我会从银首饰箱中取出 4 件，送给第 4 个算出这道题目的人。最后我的金首饰箱中剩下的比分掉的多 10 件首饰；而且银首饰箱中剩下的与分掉的比例是 2：1。我亲爱的女儿们，你们说我的金首饰箱和银首饰箱中，原来各有多少首饰？"

听完皇后的话，几位公主都正确地回答了皇后的问题。皇后非常满意，就按照她所说的分给了她们若干首饰。

朋友们，你们是不是也能计算出：皇后的金首饰箱和银首饰箱中，原来各有首饰是多少？

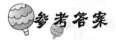

参考答案

皇后的金首饰箱中，原来有 40 件首饰。银首饰箱中，原来有 30 件首饰。

思维小故事

及格的人

100 人参加公司员工的考试，共 5 道题，分别有 80、72、84、88 和 56 人做对。假如至少做对 3 题算及格，则至少有多少名员工及格了？

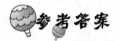

参考答案

至少及格人数 62 人。

第 1 题做错：20 人，

第 2 题做错：28 人，

第 3 题做错：16 人，

第 4 题做错：12 人，

第 5 题做错：44 人。

因第 4 题做错而不及格 12 人（人最少），要不及格至少还要做错另外两道，另外两道做错分配为：

先取错得最多第 5 题，44 − 12 = 32，还大于第 1，2，3 题。

第 4 道错题的 12 人次在 1、2、3 中选，要均匀，第 2 题做错选 8 人次，剩下 4 人次（第 1 题做错 20，第 2 题做错 20，第 3 题做错 16）；选 2 人次第 1 题，选 2 人次第 2 题，结果剩下：第 1 题做错 18，第 2 题做错 18；第 3 题做错 16，第 5 题做错 32。

字
原
来
可
以
这
样
玩

— 73 —

同上方法：

因第 3 题做错而不及格 16 人（平均后人最少），先取错得最多第 5 题剩 $32 - 16 = 16$，再取第 1 题做错 8（剩 10），第 2 题做错 8（剩 10）。结果剩下：第 1 题做错 10，第 2 题做错 10，第 5 题做错 16。

同上方法：因第 1 题做错而不及格 10 人（平均后人最少），先取错的最多第 5 题剩 $16 - 10 = 6$，再取第 2 题做错 10，结果剩下：第 5 题做错 6。因此最后最多不及格人数为 $12 + 16 + 10 = 38$ 人，即至少及格人数 $100 - 38 = 62$ 人。

或者：

假设做对一题得 20 分，满分为 100 分，60 分为及格。

由题意得出 100 人的总分为：$(80 + 72 + 84 + 88 + 56) \times 20 = 7600$。

7600 分给 100 个人要使不及格人数最多的分配方案：

先每人分得 40 分，消耗了 $40 \times 100 = 4000$ 分，还余下 3600 分要集中分配给尽可能少的人：

因为有 56 个人可能得 100 分，则就给这 56 人补足 100 分，还余下 $3600 - 56 \times 60 = 240$ 分，能够分给 6 个人每人 40 分，这样这 100 人中，56 人得 100 分，6 个人得 80 分，其余 38 人得 40 分，即至少有 $56 + 6 = 62$ 人及格。

公交车上的座位

有一辆公交车总是在一条固定路线上行驶，除去起始站和终点站，中途有 8 个停车站。如果这辆公交车从起始站开始载客，不算终点站，每一站上车的乘客中恰好又有一位乘客从这一站到以后的每一站下车。如果你是公交车的车长，为了确保每个乘客都有座位，你至少要安排多少个座位？

参考答案

设置最少要有 25 个座位。

金条的分割

曾经有一段时间，因为物价上涨速度非常快，有些高级雇员要求公司用黄金来代替钱币，用金条来计发薪水，而不是用钞票。

其中有一位员工，坚持要求老板每天用黄金付工资。老板有一块金条，价值正好等于这位员工工作 7 天的薪水。老板拿出了金条，准备在 7 天后付给他。但是这位员工不肯接受老板的安排，非要当天工资当天发

数字原来可以这样玩

放。于是老板找到了财务杰克，交代杰克说："我只允许你切割二次，并且你每天下班时都要按规定发给那位员工工资。"

这个要求让杰克犯了难。但是他沉思了一阵，就立即去办好了这件事。

那位员工如愿以偿地每天领取金块；老板也很满意。老板还夸杰克的才思敏捷，智力过人。

聪明的小朋友，你们知道财务杰克是怎么切割金条的吗？

杰克是这样切割金条的：先切割 1/7 根金条，再切下原来的 2/7 的金条就可以了。

数一数硬币的数量

从前，有一个叫杰瑞的小男孩，非常喜欢收集硬币，他每天会清点一次硬币，以此作为消遣。

有一天，杰瑞把他 1 分、2 分、5 分的硬币分别放在 5 个相同的小纸盒里。并且每个小纸盒里所放的 1 分、2 分和 5 分的硬币都和其他盒子里的 1 分、2 分和 5 分的硬币数量相同。

一旦有空，杰瑞就把五纸盒里的硬币都倒在书桌上。然后把它们分成 4 份。每份的同种面值的硬币数量都相等。接着，杰瑞又把其中的两份混合，然后分成 3 份，当然每份的同种面值的硬币数量也都相等。

朋友们，你们知道杰瑞至少拥有多少个 1 分、2 分、5 分硬币吗？

杰瑞拥有的硬币中，每种硬币至少有60枚。

年龄的计算

在很久很久以前，有3个感情非常好的亲兄弟，老大叫阿明，老二叫阿亮，老三叫阿华。他们生活中互相帮助，和睦相处。

有一天，隔壁家樱桃树上的樱桃熟了，隔壁的大伯摘了好多鲜美的樱桃。阿明、阿亮、阿华馋得口水都要流下来了。

于是隔壁的大伯分了一堆樱桃，分别送给三兄弟，并且说赠送给他们每个人的樱桃数目，正好是阿明、阿亮、阿华3个人3年前的岁数。

小弟弟阿华非常聪明，他一转眼珠，对两个哥哥说："我只留下一半樱桃自己吃，其他的那一半你们拿去平分吧。"

阿亮看到弟弟主动要求把樱桃让给阿明和自己两个人，觉得非常不好意思。于是他就对大哥和小弟说："我也只留下一半樱桃自己吃，其他的那一半由哥哥和弟弟平分吧。"

阿明也觉得非常不好意思，于是他就对两个弟弟说："我也只留下一半樱桃自己吃，其他的那一半你们拿去平分吧。"

就这样，三兄弟都按照自己的要求分配樱桃，结果3个人都分到了8个樱桃。

亲爱的朋友们，你能不能推断出阿明、阿亮、阿华的年龄呢？

参考答案

三兄弟之中，阿明现在是16岁，阿亮现在是10岁，小弟弟阿华现在是7岁。

思维小故事

诗仙买酒

李白是我国唐代的一位伟大的诗人，人称诗仙。除了吟诗之外，喝酒是他最大的嗜好。在我国民间流传着一首"李白买酒"的打油诗，也是一道十分有趣的数学题。诗句是这样的：

李白街上走，提壶去买酒；遇店加一倍，见花喝一斗；三遇店和花，喝光壶中酒。试问酒壶中，原有多少酒？

它的意思是：李白壶中原来就有酒，每次遇到小店就使壶中的酒增加了一倍，每次看到花，他就饮酒做诗，喝去一斗（斗：古代酒器，也是一种容量单位）。这样，经过了三次增减，最后就把壶中的酒全部喝光了。

　　请问：李白酒壶中原来有多少酒？

参考答案

　　由题意可知，李白是先遇店，后见花的；且第三次见花前，壶内只有一斗酒。那么，遇店前壶内应有半斗酒（1/2 斗酒）。依此类推第二次见花前壶内有酒（1/2＋1）斗，第二次遇店前壶内有酒（1/2＋1）÷2＝3/4（斗）；第一次见花前壶内有酒（3/4＋1）斗，第一次遇店前内有酒（3/4＋1）÷2＝7/8（斗）。原来壶中有酒7/8斗。这实际上是一个还原问题，于是我们从最后的 0 开始，逐步向前推，见减做加，见乘做除，并注意添上括号，就可列出算式，算出结果。

巧算酒的分配

　　华罗庚是中国现代一位伟大的数学家。一天，华罗庚出了一道思维题来考核学生。这道思维题是这样的：

　　一位酒家老板从远方运来一些美酒，邀请他的老客人赵、钱、孙、李四人前来，询问他们是否要买这些美酒。赵、钱、孙、李四人都是爱酒之人，每人当即要了一些：小赵要 10 斤好酒，小钱要 4 斤好酒，小孙小李两人各要 3 斤好酒，4 个人总共要 20 斤好酒。

　　酒店老板取出满满的两罐美酒，每一罐恰好 10 斤。但是因为找不到量器，他无法按照四人的要求分配分量。

　　正当他为此犯愁之时，聪明的小赵想出了解决方法。

　　小赵说："只要给我一个能装 3 斤酒的空瓶子，我就可以把酒分好。"

让人失望的是，恰好能装3斤酒的空瓶子没有找到，不过他们找来了两个较大的酒瓶，一个可以装4斤酒，另一个可以装5斤酒。

小赵考虑了一下说："这样也没有关系，只不过多费些步骤。"然后他用那个酒罐和找来的两个空瓶子反复把酒倒来倒去，把酒从酒罐里倒到空瓶里，再从大瓶倒到小瓶里，又从小瓶倒回酒罐中。

次数 容器	10斤瓶	5斤瓶	4斤瓶
原装	10斤	0斤	0斤
第一次	6斤	0斤	4斤
第二次	6斤	4斤	0斤
第三次	2斤	4斤	4斤
第四次	2斤	5斤	3斤
第五次	7斤	0斤	3斤
第六次	7斤	3斤	0斤
第七次	3斤	3斤	4斤

就这样，终于把酒分配好了，果然符合每人的分量要求。

那么，小赵是用什么办法，倒了几次，才把10斤酒按照4斤、3斤、3斤的比例分配好的呢？

参考答案

小赵想出了一个绝妙的方法来分摊，这个方法是：小赵自己拿走一罐

（10斤）美酒，把余下的美酒分别用10斤罐和5斤的空瓶加上4斤的空瓶就能给另外3个伙伴分配了，分配过程如上表。

出租车的付费

有一次，老胡在自家门前拦了一辆出租车，准备前往太平洋百货购物。老胡在半路遇到了老同事沈某和王某，正巧他们两人也要去太平洋百货。于是老胡请老沈和老王上了出租车，三人在车上有说有笑，开开心心地一同前往太平洋百货。

很快，出租车开到了目的地，3个人结伴在百货公司挑选了很多货品。购物完毕后，三人就又乘坐同一辆出租车返回。在途中，老沈在他和老王上车的地点下车，老胡和老王一起回家。

好了，问题来了：如果从老胡家到太平洋百货来回一共花了120元钱，而上车地点距离其他两地为等距。三个人须分别支付自己来回的出租车车费。那么他们三人每个人各应该支付多少元钱？

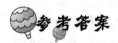参考答案

老胡应该支付65元，老沈应该支付20元，老王应该支付35元。

摩托车和小汽车的数量

莉莉是个5岁的小女孩子，却十分聪明。有一天，莉莉跟着爸爸外出购物，来到一家商厂的停车库。

爸爸对莉莉说："莉莉，那些4个轮子的车是小汽车，而那些只有两

个轮子的车是摩托车。你去看看车库里的小汽车和摩托车各有几辆?"

莉莉跑到车库里数了数,车库里一共停了 10 辆车(当然包括小汽车和摩托车)。不过莉莉刚刚学会数数,在车库里来来回回观察了一阵,她得意地回来告诉爸爸说: "爸爸,我数过了,这个车库里一共有 28 个轮子。"

莉莉爸听后马上就算出了小汽车的数量和摩托车的数量。

亲爱的朋友,你能算出小汽车和摩托车的数量各是多少吗?

 参考答案

小汽车是 4 辆,摩托车是 6 辆。

思维小故事

古老的运算题

下面这个问题渊源已久,可是却不断地出现在讨论数学游戏的书中,好像从来没有被分析过似的。问题是:依 1、2、3、4、5、6、7、8、9 的顺序写下这些数字,再加上一些运算符号使整个等式等于 100。运算符号可以随心所欲地使用。假如运算符号只限于 "+" 或 "-",问题可能稍难些,但是也有许多答案,试试看吧。

123456789=100

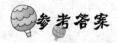 参考答案

这个问题的答案有几百种,下面是最常被引用的:

$1 + 2 + 3 + 4 + 5 + 6 + 7 + (8 \times 9) = 100$;

$7 + 2 + 34 - 5 + 67 - 8 + 9 = 100$;

$12 + 3 - 4 + 5 + 67 + 8 + 9 = 100$;

$123 - 4 - 5 - 6 - 7 + 8 - 9 = 100$;

$123 + 4 - 5 + 67 - 89 = 100$;

$123 + 45 - 67 + 8 - 9 = 100$;

$123 - 45 - 67 + 89 = 100$。

英国的数学游戏大师杜登尼更欣赏上列答案中最后的一个。他说："最后这个答案是如此的简短精致,我相信不可能有比这个更漂亮的答案了。"这个问题虽然如此地流行,但令人想不到的是很少见到有人将数字的顺序颠倒过来做。那就是从9开始,写到1,中间再加上尽可能最少的

运算符号，直到等于 100 为止。将 9 个数字从 9 写到 1 再用上 4 个加减号便能够得到一个等于 100 的算式：

$98 - 76 + 54 + 3 + 21 = 100$

假如运算符号少于 4 个是无解的。

正确地分酒

一天晚上，有个酒鬼沽了 10 斤酒，在回家路上遇到了一个老朋友，而这个朋友也正要去打酒。

不过，当时天色已晚，酒鬼买完酒后，酒家已经打烊，别的酒家也都已经关了。朋友看起来十分着急，酒鬼便决定把自己的酒分给他一半，可是朋友手中只有一个 7 斤和 3 斤的酒桶，两人又都不可能带量器，怎么样才能将酒平均分开呢？

酒鬼想了一想，很快找到了方法。朋友们，你知道是什么方法吗？

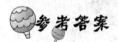参考答案

第一步，先将 10 斤酒倒满 7 斤的桶，再将 7 斤桶里的酒倒满 3 斤桶；第二步，再将 3 斤的桶里的酒全部倒入 10 斤桶，此时 10 斤桶里共有 6 斤酒，而 7 斤桶里还剩 4 斤；第三步，将 7 斤桶里的酒倒满 3 斤桶，再将 3 斤桶里的酒全部倒入 10 斤桶里，此时 10 斤桶里有 9 斤酒，7 斤桶里只剩 1 斤；第四步，将 7 斤桶里剩的酒倒入 3 斤桶，再将 10 斤桶里的酒倒满 7 斤桶；此时 3 斤桶里有 1 斤酒，10 斤桶里还剩 2 斤，7 斤桶是满的；第五步，将 7 斤桶里的酒倒满 3 斤桶，即倒入 2 斤，此时 7 斤桶里就剩下了 5 斤，再将 3 斤桶里的酒全部倒入 10 斤桶，这样就将酒平均分开了。

分汽车的数学题

有一位富翁，一生中最大的爱好就是收藏昂贵的古董汽车。他如今已经拥有 11 辆古董汽车，每辆车都价值不菲。

不幸的是，富翁得了癌症，不久于人世。于是，他把自己的 11 辆古董车分别赠送给他的 3 个儿子。他立了这么一份遗嘱：11 辆古董车的其中一半分给大儿子，1/4 分给二儿子，1/6 分给三儿子。

看完遗书后，众人都感到迷惑不解。那么怎样把他的 11 辆古董车分成相等的两份、四份和六份呢？总不能把车劈开来吧。

具体应该怎么分配，朋友们你们能够解释清楚吗？

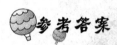 参考答案

这位非常富有的老人，是这样计算分配结果的：假设有 12 辆古董车，那么老大分到 6 辆，那么老二分到 3 辆，那么老三分到 2 辆，然后余下一辆正好是先前假设的。

数字原来可以这样玩

思维小故事

百合花

费妮夫人喜欢花，她的花园里种了 30 棵花，分别是玫瑰和百合，现在每棵开花 1 朵。可是无论你采下任何 2 朵花，都至少有 1 朵是玫瑰。

那么，你能猜出她种了多少棵百合吗?

参考答案

只有 1 棵百合花。

奇怪的比例

有一群年轻人，准备出去宿营。一共有 30 个男孩和 30 个女孩，一辆车乘有 30 个男孩，另一辆车乘有 30 名女孩。

可是当天有 10 个男孩趁司机不注意，悄悄地从汽车上下来，来到了女孩们乘坐的那辆汽车上。

这使女孩乘坐的那辆汽车的司机非常生气，他愤怒地吼道："胡闹！请同学们遵守规则，超载是要违反公共交通条例的，我这辆车只能坐 30 个人，所以你们必须下去 10 个，赶快！"

后来下去了 10 个人，不分性别，坐回男生乘坐的汽车。于是，这两辆汽车各自载着 30 名乘客向宿营地出发了。此时，两辆汽车所载的乘客性别比例一样。这是怎么回事呢？

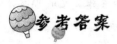 **参考答案**

因为两辆车上的座数是相等的，所以无论调换上去几个男孩或女孩，异性比例都一样。

邮票的张数和面值

集邮是一种十分高雅的兴趣爱好。从前，有两个亲兄弟，明明和亮亮，他们的爷爷是一位知名的集邮爱好者。他们受爷爷的影响，也喜欢上了集邮，

数字原来可以这样玩

这天，爷爷想考验一下明明和亮亮谁更聪明。他喊来明明和亮亮，轻轻打开了一个抽屉，里面装满了形状大小完全相同的邮票，有 2 元和 4 元两种面值。

然后爷爷拿出一个小本子说："这本小本子里有面值之和是 8 元的几张邮票，都是从抽屉里的邮票中挑出来的。"说完，爷爷把小本子里的邮票拿了 2 张单独给明明看。然后再把小本子里的邮票又拿了两张单独给亮亮看——其中有刚才明明看过的，也有刚才明明没有看过的。

在完成这一切后，爷爷笑眯眯地看着明明和亮亮两兄弟说："两个小宝贝，你们现在可以告诉我：书里夹了几张邮票？面值各几元？"

明明和亮亮兄弟俩面面相觑，谁也没吭声。但短暂的沉默后，兄弟俩几乎同时喊出了自己的答案。

朋友们，你们能判断出爷爷给明明和亮亮两兄弟看的是什么邮票，书里夹了几张邮票？面值各几元？

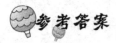 参考答案

爷爷给明明和亮亮两兄弟看的邮票中：在书里夹的是 4 张 2 元的邮票，因为兄弟 2 张没有看到 4 元面值的邮票，所以他们不敢吭声。所以书里夹的是 4 张 2 元的邮票。

轮流上班

大家有没有乘车穿越过隧道？你们知道吗，这样一个普通的隧道，凝结了许多工人叔叔阿姨的智慧和汗水。

一次，工人们在某市的一个隧道的施工现场作业，一共有 60 名工作人员轮流施工。

施工现场位于地下，在工地上根本看不到阳光。那里漆黑一片，只能

靠灯具照明，所以工人们在现场就无法分辨白天和黑夜。更加令人头痛的是，这个施工现场有磁场，任何钟表在这个工地上都会失灵。

可是按照有关规定，每过 1 个小时，这 60 个工人中的 10 人必须到地面上来休息。在这种既不知道时间，又和外界没有任何联系的情况下，这 60 个工人，都做到了准时轮班，时间是分秒不差。

那么亲爱的小朋友，你们知道他们是怎么做到"准时轮班而且时间分秒不差"的吗？

参考答案

地下的工人无法知道时间，但是地上的工人却能知道。所以只要让第一批 10 个人先到地面休息，1 小时后到地下的施工现场与下一批人交接班即可。

手指的组合

人类的进步离不开聪明的大脑和灵巧的双手，据说手指越灵活的人，艺术气质更强。在校园里，经常有同学喜欢玩伸手指报数字的游戏。

这天下课，小李和小红就在玩伸手指说数的游戏。游戏规则是这样的：两人各伸出一只手，任意出几个指头。一边出手，一边说数，如果谁说的数正好等于两个人伸出的指头数的和，谁就算赢。

有人认为，这完全没有规律，赢都是靠运气，双方赢的机会相同。

但是朋友们你们能够计算出输赢的概率吗？

参考答案

输赢的概率是这样计算的：指头和为 0、10 的情况各一种，和为 1、9

数字原来可以这样玩

的各两种，和为2、8的各3种，和为3、7的各4种，和为4、6的各5种，和为5的共6种。可见，和为5的组合最多，也就是说，说5赢的机会相对较多。

思维小故事

租　房

有一家3口人要去另外一个城市工作，他们要在那个城市租住，但一时租不到房。

这天，他们总算找到了一处价格合理、条件不错的房子。但是当他们要租住的时候，房东却告诉他们，这房子不租给带着孩子的用户。丈夫和妻子听了，一时不知如何是好，于是，他们默默地走开了。

这时他们的孩子对房东说了一句话，房东听了之后，高声笑了起来，并把房子租给他们。你知道这个聪明的孩子说了什么吗？

**参考答案**

小孩说："先生，我要租这间房子，我没有孩子，我只带来两个大人"。

怎样付清借款

有4个好朋友分别向朋友借了钱。情况是这样的：小钱向小钱借了100块钱，小钱向小孙借了200块钱，小孙向小李借了300块钱，小李向小赵借了400块钱。

这一天，4个好朋友聚在一起，准备把各自借出和借入的钱结算清楚。请问，最少要动用多少钱，才可以将所有的借款结清？

**参考答案**

4个好朋友又聚会时，小钱、小孙、小李各自交给小赵100块钱就可以了，这样的话只动用了300块钱。

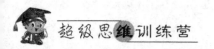

思维小故事

看管保险库

有一家公司，现金都放在一个保险库里面。这家公司由 3 个合伙人所拥有，但他们相互的信任度极为有限。于是他们决定在保险库的门上挂若干把锁，钥匙分别由各自保管，结果是：

（1）没有一个合伙人能单独把门打开；

（2）任何两个合伙人共同使用他们的钥匙就能把门打开。

他们最少需要几把锁，几把钥匙？

3 把锁和相应的 3 把钥匙就够了。设这 3 种钥匙分别为 A、B 和 C。第一个合伙人保管钥匙 A、B；第二个合伙人保管钥匙 B 和 C；而第三个合伙人保管钥匙 C 和 A。

现在每个合伙人只有 3 种钥匙中的 2 种，他不能单独把门打开，但如果另两个合伙人中的一个愿施援手，他就能把门打开。

猎物的多少

古时候，一些穷苦百姓依靠上山打猎维持生计。这天，猎人老王、老张、老李结伴上山打猎。

他们各自打到了了许多猎物，傍晚时分，三人背着各自所打的猎物走在回家路上。当他们到达分别路口时，相互赠送了一些猎物作为礼物。

老王先把自己所打的猎物赠送给了老张和老李，他所送的数目和两个人原来的猎物数目相等。然后老张也把自己所打的猎物赠送给了老王和老李，他所送的数目分别等于老王和老李在第一次老王送猎物后，所拥有的猎物的数目。最后老李把自己现有的的猎物赠送给了老王和老张，他所送的数目分别等于两个人在第二次老张送猎物后所拥有的数目。

老王、老张、老李在分手后都数了数袋子里的猎物，不多不少，3 个人各有 16 只猎物。那么朋友们，请问老王、老张、老李原来每个人各打到了几只猎物呢？

原来老王有 26 只猎物，老张有 14 只猎物，老李有 8 只猎物。

数字原来可以这样玩

种玉米的故事

有一个贪婪的地主，花钱请来两个长工给他种玉米。这两个长工，一个耕地速度快且好，但他不大会种玉米；另一个长工擅长种玉米，但耕地水平较低。

地主有 20 亩地，想种上玉米，他让长工甲从北面开始耕地，长工乙则从南面耕起。长工甲 40 分钟能耕 1 亩地，而长工乙耕 1 亩地需要 80 分钟，但长工乙种玉米的速度是甲的 2 倍。工作完成后，他们一共得到了 20 两银子。

那么，两人如何分这 20 两银子才算公平？

 参考答案

工作量就是一人一半，工钱是与工作量有关的，这与他们的工作速度并无关系，工钱自然均分，所以一人 10 两银子。

贪婪鬼的数学题

在列夫·托尔斯泰的作品中有一部非常著名的小说，叫做《一个人需要很多土地吗?》这本书里有一个发人深省的数学题：

一个名叫巴河姆的人，准备了很多钱去买地。卖地的人提出了一个极其奇怪的条件：买主只要付出 1 000 卢布，然后自行在这片土地上奔跑，从日出计时，到日落结束。买主跑过路线所围的土地，全部归他所有。不过，买主在日落之前，必须回到出发点，如果不能，那么 1 000 卢布归卖

地人所有，并且买主得不到一寸土地。

巴河姆考虑再三，觉得这是个白赚不亏的买卖，于是他马上付了1 000 卢布。

第二天，天刚亮，巴河姆就整装出发了。他走了差不多有10千米，然后才朝左拐弯；接着又走了很长的路，才再向左拐弯；然后又走了2千米。这时夜幕开始降临，而巴河姆所在的地方距离他的出发地还有足足15千米的路程。巴河姆只好立即改变方向，径直向出发点飞奔而去。

巴河姆发疯一样地奔跑着，最后终于赶在日落之前跑回了出发点。可是当他回到原点，还没有站稳，就瘫倒在地，一命呜呼了。

朋友们，你能计算出巴河姆在这一天约走了多少路，他在这一天走的路程所围成的土地面积约一共有多大吗？

参考答案

巴河姆这一天约行走了39.7千米，围成的土地面积约为76.2平方千米。

思维小故事

数字原来可以这样玩

蚯 蚓

杰克钓鱼时用蚯蚓当鱼饵，他共抓了5条蚯蚓，后来分鱼饵时把2条蚯蚓切各成了2段，那么，他还有几条活蚯蚓？

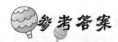参考答案

有7条活蚯蚓，因为被切成两段的蚯蚓仍然活着。

巧妙地取水

有一个长工叫阿米，聪明活泼，勤劳干练，深得老板喜爱和器重。

在离阿米家很远很远的地方有一个淡水湖，这天，老板对阿米说："阿米，你到那个淡水湖去取2升水来。"

但是阿米随身携带的只有一只5升的空水壶和一个6升的空水壶。就凭这两个空水壶，阿米取回了2升的湖水。

请问小朋友，阿米是怎样用这两个空水壶把2升湖水取回来的呢？

阿米先用6升的壶装满水倒入5升的壶中，倒满为止。然后把5升壶里的水倒出，用6升的剩余的水倒入5升的壶中。接着，再把6升的壶装满水倒入5升的壶里，那么结果6升壶里的水就正好是2升。

得票数量

有一个班级共有49人，到了班级选举的时候，班主任老师准备从中选举3个班干部。

班主任老师提供了9个候选人的名单，在班干部的选举过程中，全班每个人只须投一次票；并且票面上只允许写一个候选人的名字。

请问朋友们，每个当选的学生，他们最低的得票数为多少？

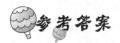参考答案

每个当选的学生，他们最低的得票数为13票。

大米的数量

古印度有一个平民发明了一种游戏棋，棋盘有64个小方格，玩法新奇。他把这种棋献给了国王，国王十分开心，便决定赏赐献棋的平民。

平民说："陛下如果非要赏赐的话，就请赐给我粮食吧。"

"那你要多少粮食？"国王问。

数字原来可以这样玩

"请陛下在第一个棋格放一粒米,在第二格放第一格的双倍,在第三个格子里放第二格的双倍……以此类推,把64格都放满了就行。"

国王满口答应:"这点米实在不足以赏赐你啊,快去领赏吧!"

平民笑着随大臣前去领米。让国王没有料到的是,把所有仓库里的存米都取出还不够支付这次赏赐。你知道这是为什么吗?

 参考答案

米粒数根据制棋人的要求。可列式为:

$$1 + 2 + 2^2 + 2^3 + 2^4 + 2^5 + \cdots + 2^{64} - 1 = 18446744073709551615 \text{(粒)}$$

国库中当然不可能有那么多的粮食。

侦察兵的机智

解放战争时期,我军的两名侦察员获取了重要情报,时间紧急,他们必须在最短的时间内,把情报送交给首长。

他们询问过当地人,知道有一片荒漠可以穿越过去直达目的地。可是当地人说,穿越整个沙漠需要花费20天,而沙漠艰险难行,人体负荷不能太多,每个人最多只能带16斤干粮和16斤水。每过一天,每人至少要消耗1斤干粮、1斤水。这样,最后4天便会因饥渴而葬身荒漠。

尽管当地可以找到民工,但是民工每人也只能带16斤食品和16斤水,各自所带的粮食和水连自己都不够消耗的。

怎么办呢?急得两个侦察员抓耳挠腮,苦苦的思索着解决办法。

"有了,可以这么办!"其中一个队员想出了妙法。两人一核计确实可行。

于是两个人依计而行,果然顺利穿越了沙漠,圆满完成了任务。

那么,他们想到了什么办法呢?

他们雇用了一个民工，4天后，请民工回去，并给他4斤食品和4斤水供回去的路上用。民工余下的8斤食品和8斤水，两个队员平分，加上他们各自用剩的食品和水，每人仍是16斤食品和16斤水，而此时余下的路程也只需16天了。

跳棋棋子的概率

吃完晚饭，爸爸、妈妈和小红3个人决定下一盘跳棋。打开装棋子的盒子前，爸爸忽然用大手捂着盒子对小红说："小红，爸爸给你出一道跳棋子的题，看你会不会做？"

小红毫不犹豫地说："行，出吧。"

"好，你听着：这盒跳棋有红、绿、蓝色棋子各15个，你闭着眼睛往外拿，每次只能拿1个棋子，问你至少拿几次才能保证拿出的棋子中有3个是同一颜色的？"

听了爸爸的话，小红闭着眼睛想了一想，突然灵光一闪，正确地答出了这道题目。朋友们，你们知道答案是多少吗？

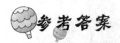

如果要保证拿出的棋子中有3个是同一颜色的。那么至少拿7次，才能保证其中有3个棋子同一颜色。

我们可以这样想：按最坏的情况，小红每次拿出的棋子颜色都不一样，但从第4次开始，将有2个棋子是同一颜色。到第6次，3种颜色的棋子各有2个。当第7次取出棋子时，不管是什么颜色，先取出的6个棋子中必有2个与它同色，即出现3个棋子同一颜色的现象。

数字原来可以这样玩

思维小故事

鸡蛋怎么拿回家

涛涛打完篮球回家的时候想到妈妈让他买鸡蛋，于是买了十几个鸡蛋，可是他没有装鸡蛋的工具，鸡蛋该如何拿回家呢？

把篮球里的气放掉，把球的一面压瘪，使球呈一个碗形，这样就能够把鸡蛋放在里面拿回家了。

奇怪的计程表的数字

有一辆计程车在马路上以平均的速度行驶，这时计程表上显示的是二位数，司机看了看手表，记下了时间。

一个小时后，司机再看计程表，上面仍然是个二位数，但是数字恰恰与计程车司机之前所看到的数字顺序颠倒。

就这样又过了一个小时，计程表变成了三位数，其数字恰好是第一次计程车司机看到的两位数中间增加了一个0。

请问：这辆计程车的速度是每小时多少千米，三次计程表上的数字各是多少？

这辆计程车的速度是每小时45千米，三次计程表上的数字分别是：16、61、106。

买苹果的故事

有5个人去买苹果，他们买的苹果数分别是A、B、C、D、E，已知A是B的3倍，C的4倍，D的5倍，E的6倍。

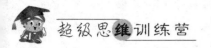
请问朋友们，你能够算出 $A+B+C+D+E$ 最小值为多少吗？

参考答案

$A=60$，$B=20$，$C=15$，$D=12$，$E=10$，$A+B+C+D+E=117$。

思维小故事

弓箭手

有个弓箭手教了 3 个徒弟，他们虽然性格各异，但学习都很认真。

有一天，他把 3 个徒弟叫到一个空旷的场地上对他们说："你们前面100 米的桌子上放着一个盘子，盘子里有 3 个梨，假如用箭把 3 个梨都射掉，你们想想，自己该用几支箭？"

大徒弟想了想说："我要用 3 支箭。"

二徒弟说："我用 2 支就够了。"

三徒弟说："我用 1 支就能够了。"

他们 3 个人按自己的说法进行了试验，都成功了。你知道他们是如何做的吗？

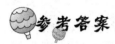 **参考答案**

大徒弟用 3 支箭射掉了 3 个梨；二徒弟两支箭中有 1 支箭射穿了 2 个梨；三徒弟用 1 支箭射中了盛梨的盘子，梨都掉了下来。

瓶子里的牛奶和水

佳佳是一个很贪玩的小孩子，经常做一些奇怪的小游戏，在游戏中还会向父亲提一些有趣的小问题。

一次，佳佳拿出两个牛奶瓶。牛奶瓶 A 里盛了半瓶鲜牛奶，牛奶瓶 B 里装满了清水。

佳佳第一次把 B 瓶里的水倒满 A 瓶，第二次又将 A 瓶的水和牛奶倒满 B 瓶，第三次把 B 瓶里倒满 A 瓶，第四次又将 A 瓶倒满 B 瓶。

倒完以后，佳佳叫来了爸爸，说了前提条件后，问他 B 瓶之中牛奶和水各多少。

朋友们，你能帮助佳佳爸爸回答这个问题吗？

数字原来可以这样玩

参考答案

B 瓶之中装有 1 − 5/16 = 11/16（瓶）水，和 5/16（瓶）牛奶。

乐乐球的故事

阿红看到朋友们都在玩乐乐球，觉得很有趣，就让爸爸妈妈也给她买一个。

星期天，爸爸买回了乐乐球，阿红迫不及待地打开包装袋。当她拿出记分卡，看到记分袋里装着写有这样一些数字的卡片共8张：1、2、2、5、10、10、20、50。

阿红愣住了："这怎么记分呀？"

着急的她喊来爸爸："爸爸，你看这怎么记分呀？一次得1分，可就这么几张卡片也不够用啊？"

爸爸摸着阿红的小脑袋，笑着说："没有错，可以记的，你动动脑筋看看怎么弄。"

阿红看着桌上的 8 张卡片，思索了一会儿，突然眼前一亮："爸爸我知道了。"

朋友们，你们知道阿红是怎么计算出乐乐球的计数方法的吗？

参考答案

计算乐乐球的计数的方法是：1 分时用 1，得 2 分时把 1 拿回换上 2，得 3 分时再加上 1，再得分时又拿回 1，换上2……这样用这 8 张卡片可以记 100 以内的所有分数。

珍珠的分配

改革的春风吹入了农村，有大学学习基础的顾阿姨，为了帮助同村乡亲一起富起来，带领几个青年人组成了一个河蚌养殖小组。

培养出的珍珠有大有小，顾阿姨让大家把珍珠制作成饰件。大的珍珠可以按颗论价，小的成串出售。

这样，又到了收获珍珠的时节，顾阿姨叫来了琳琳、莉莉、红红，指着一堆大大小小的珍珠说："今天，你们需要挑一些珍珠到集市上出售。琳琳你挑 10 颗，莉莉你挑 30 颗，红红你挑 50 颗。到了集市上，你们三人要坚持相同的价格，每串小珍珠的个数相等，每串小珍珠的价格也相等。在同种珍珠的定价上不要有差别，等你们全部卖完后，每个人得到的都是 30 元钱。"

琳琳、莉莉、红红听了顾阿姨的话，都感觉一头雾水。不知该怎么按照顾阿姨的要求挑选各自的珍珠。

亲爱的小朋友，你能够说出按照顾阿姨的要求，如何来挑选珍珠？如何来给珍珠定价吗？

参考答案

按照顾阿姨的要求，琳琳、莉莉、红红，3 个姑娘是这样来挑选珍珠，并且来给珍珠定价的：琳琳选 7 颗小的珍珠，3 颗大的珍珠；莉莉选 28 颗小的珍珠，2 颗大的珍珠；红红选 49 颗小的珍珠，1 颗大的珍珠；并且她们内部规定：小的珍珠连成一串，每串 3 元；大的珍珠按颗出售，每颗 9 元。

思维小故事

推算一下

A、B、C 和 D 这 4 个朋友到某商厦购物。他们分别买了一块表、一本书、一双鞋和一架照相机。这 4 件商品分别在一至四层购买,当然,上述 4 件商品的排列顺序不一定就是它们所在楼层的排列顺序。

根据以下线索,如何确定谁在哪一层购买了哪件商品:A 去了一层,表在四层出售,C 在二层购物,B 买了一本书,A 没有买照相机。

A 在一层买了一双鞋。B 在三层买了一本书。C 在二层买了一架照相机。D 在四层买了一块表。

采蘑菇的小姑娘

一天清晨，莹莹、敏敏、珍珍、爱爱结伴到森林里采蘑菇。9 点的时候，莹莹、敏敏、珍珍、爱爱准备往回走。在走出森林之前，莹莹、敏敏、珍珍、爱爱 4 个小朋友各自数了数自己篮子里的蘑菇。

4 个人把蘑菇加起来一算，正好是 72 只。但是莹莹所采的蘑菇有一半是有毒的不能吃，只有一半可以食用。于是莹莹把有毒的蘑菇都扔了。

敏敏的篮子底部有个小洞，漏下了 2 只蘑菇，恰巧被珍珍看到，珍珍把敏敏弄丢了的 2 只蘑菇捡起来放在自己的篮子里。此时，莹莹、敏敏、珍珍 3 个人的蘑菇数正好相等。

爱爱在返回的途中，在森林的路上又采集了一些蘑菇，使爱爱篮子里的蘑菇数增加了一倍。

等到莹莹、敏敏、珍珍、爱爱走出森林后，她们坐在一块大石头上休息。于是莹莹、敏敏、珍珍、爱爱又各自数了一遍篮子里的蘑菇。

这次，莹莹、敏敏、珍珍、爱爱 4 个小朋友的篮子里的蘑菇数目各不相等。

朋友们，你能计算出莹莹、敏敏、珍珍、爱爱这四个女孩，各自篮子里有多少蘑菇？

数字原来可以这样玩

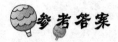参考答案

莹莹篮子里有 32 只蘑菇，敏敏篮子里有 18 只蘑菇，珍珍篮子里有 14 只蘑菇，爱爱篮子里有 8 只蘑菇。

阶梯的故事

朋友们，你们知道爱因斯坦吗？爱因斯坦是世界上最著名的科学家之一。和很多科学家一样，爱因斯坦喜欢用一些有趣又容易看懂的数学问题来考验人们的智慧，看他们是否具有逻辑推理能力。

现在，我们就来拜读一下大科学家爱因斯坦的一道著名的数学故事。

爱因斯坦说："当你面前有一条很长的阶梯，你需要从地面走上阶梯，直到阶梯的顶端。如果你每一步可以跨 2 阶阶梯，那么最后将剩下 1 阶；如果你每一步可以跨 3 阶阶梯，那么最后将剩下 2 阶；如果你每一步可以跨 5 阶阶梯，那么最后将剩下 4 阶；如果你每一步可以跨 6 阶阶梯，那么最后将剩下 5 阶；如果你每一步可以跨 7 阶阶梯，那么最后才能正好走完这座阶梯，一阶也不剩。"

好了，听完了以上这个故事，小朋友，你能不能计算出这条阶梯一共有几阶吗？

参考答案

这条阶梯一共有 119 阶。

数数橘子的多少

　　有一个果农，每天和儿子们辛勤耕作，不辞辛劳，终于迎来了大丰收。为了奖励他的 6 个儿子，果农就把收成得到的 2520 只橘子分配给这 6 个儿子。

　　果农先在纸上比划比划，计算好以后，按照纸上的数字分配橘子。等他分完以后，他告诉大家："老大把你手中的 1/8 的橘子给老二；待老二拿到后，连同原先的 1/7 的橘子给老三；待老三拿到后，连同原先的 1/6 的橘子给老四；待老四拿到后，连同原先的 1/5 的橘子给老五；待老五拿到后，连同原先的 1/4 的橘子给老六；等老六拿到后，连同原先的橘子分 1/3 给老大。"

　　于是六兄弟就按照父亲的安排做了。结果，六个儿子手中的橘子个数居然是一样的。

　　请问：这六个兄弟原来分配到的橘子各是多少？

参考答案

　　这六个兄弟原来分配到的橘子各是：老大拿到的橘子数量是 240 只，老二拿到的橘子数量是 460 只，老三拿到的橘子数量是 434 只，老四拿到的橘子数量是 441 只，老五拿到的橘子数量是 455 只，老六拿到的橘子数量是 490 只。

思维小故事

电影院排队

有 $2n$ 个人排队进电影院，票价是 50 美分。在这 $2n$ 个人当中，其中 n 个人只有 50 美分，另外 n 个人有 1 美元纸币。愚蠢的电影院开始卖票时 1 分钱也没有。问：有多少种排队方法可使得每当一个拥有 1 美元的人买票时，电影院都有 50 美分找钱？

注：1 美元等于 100 美分。拥有 1 美元的人，拥有的是纸币，不能换成 2 个 50 美分。

本题可用递归算法，但时间复杂度为2的n次方；也能够用动态规划法，时间复杂度为n的平方，实现起来相对要简单得多；最方便的就是直接运用公式：排队的种数 = $(2n)! / [n! \, (n+1)!]$。

假如不考虑电影院能否找钱，那么总共有 $(2n)! / [n! \, n!]$ 种排队方法（即从2n个人中取出n个人的组合数），对于每一种排队方法，假如他会导致电影院无法找钱，则称为不合格的，这种的排队方法有 $(2n)! / [(n-1)! \, (n+1)!]$（从2n个人中取出n-1个人的组合数）种，所以合格的排队种数就是 $(2n)! / [n! \, n!] - (2n)! / [(n-1)! \, (n+1)!]$ $= (2n)! / [n! \, (n+1)!]$。

不同面值的邮票

小红是个集邮爱好者，她的集邮册里夹满了各式各样的邮票。

这天，小红又在那里欣赏自己的宝贝邮票。这时，她突然发觉有5枚面值不同的邮票很有意思：

A的邮票面值是B的邮票面值的2倍，B的邮票面值是C的邮票面值的4.5倍，C的邮票面值是D的邮票面值的一半，D的邮票面值是E的邮票面值的一半。

问题来了，朋友们，你能说出这5枚邮票面值从小到大的排列顺序吗？

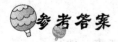参考答案

这5枚邮票面值从小到大的排列顺序为：C、D、E、B、A。

数字原来可以这样玩

数不清的鸡蛋

有一天，一个人从菜场买回一箱鸡蛋，回家后想要数数一共有多少个鸡蛋。数了几遍，总是数不清。

他是这样数的——

一开始，他把鸡蛋两个两个地拿出，最后还剩一个，但却忘记拿出过多少次了。于是把鸡蛋全部取出，3 个 3 个地往回放，最后还是多出一个。可惜，健忘的他还是忘了记放回的次数。

十分气恼的他这次 4 个 4 个地把鸡蛋往地上放，最后又是剩一个。奇怪的他决定再数一遍，全部鸡蛋被他 6 个 6 个地往纸箱里放，结果又是剩一个。糊涂的他最后决定再试一次，他把鸡蛋全放入纸箱，7 个 7 个地放在地上，这次一个不多。可惜，他又忘了搬了几次，看着地上圆滚滚的鸡蛋，他泄气了，真是数不清的鸡蛋啊。

朋友们，让我们来帮帮忙，算一算他买了多少只鸡蛋？

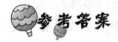 参考答案

这位朋友一共购买了 217 个鸡蛋。

砝码碎片的问题

在法国有一位非常有名的数学家，名叫德·梅齐里亚克。他写了一部名著，叫作《数字组合游戏》。他在书中写到了这样一个问题：

一个富人有一个砝码重 40 磅。一次，富人不当心把砝码摔在地上，砸

成 4 块。然后他把这些碎块拾起来，擦干净，并且用另外的磅秤称了一下。他称得每一块砝码碎片的数量竟然都是整数。而且他注意到：如果用这 4 块碎片来称物品，可以称量从 1 到 40 磅之间的所有磅数为整数的物品。

朋友们，看了这个有趣的故事，你是不是也想解释一下其中的奥妙呢？

参考答案

摔碎的 4 块砝码的重量分别是 1 磅、3 磅、9 磅、27 磅。

啤酒瓶的回收

明明的爸爸是个普通的教师，晚饭时总喜欢喝两瓶啤酒。

这天明明跟着爸爸去酒店买酒，发现店内正在做啤酒的促销活动：只要购买某一品牌的啤酒，用 4 个空瓶，就可以换一瓶啤酒。

买完酒回到家后，明明爸爸就把喝光的啤酒瓶都收集起来，过一阵再把空瓶送到酒店兑换啤酒。

过了几天，明明爸爸数了一下累积的空瓶，共有 201 个。于是他叫来明明，问他："儿子，你的数学那么好，我来考考你：用这 201 个空瓶，一共可以兑换多少瓶啤酒？"

明明歪着脑袋算了一下，很快说出了答案。爸爸带着明明来到酒店，兑换到的啤酒瓶数和明明计算的结果一样，爸爸高兴地奖励他一根雪糕。

亲爱的朋友们，你们知道明明爸爸一共可以兑换多少瓶啤酒吗？

参考答案

可以兑换 67 瓶啤酒。

思维小故事

鸟飞了多远

　　一列火车以每小时 15 千米的速度驶离洛杉矶，向纽约进发。另一列火车以每小时 20 千米的速度驶离纽约，向洛杉矶进发。假如一只鸟以每小时

飞行 25 千米的速度在同一时间离开洛杉矶，在两列火车之间往返飞行，请问：当两列火车相遇时，鸟飞了多远？

设两地距离 a 千米，则飞了 a/35 × 25 = 5a/7 千米。

美酒的分配

古时候，有 3 位大将军为国家南征北伐，立下了汗马功劳。国王为了奖赏这 3 位劳苦功高的大将，决定将 21 罐西域进贡的御酒赐给他们。

但是在这 21 罐御酒之中，有 7 罐是满罐的御酒；有 7 罐只有半罐御酒；有 7 罐是空罐子。

国王要求大臣，把这些御酒分别赐给 3 位大将军时，一定要让每个人得到的御酒一样多，而且连他们分到的御酒罐也要求一样多，最重要的是，分酒过程中，不能把酒从一个酒罐倒入另一个酒罐。

聪明的朋友，如果你是大臣，你会怎么分配御酒和酒罐呢？

3 名大将所得的满酒罐、半满酒罐、空酒罐，分别为：3、1、3；2、3、2；2、3、2。

数字原来可以这样玩

吃玉米的故事

夏天里，啃一棒玉米是一件十分惬意的事情。那么我们就讲一个有关分玉米的故事，来测评一下你的计算能力。

从前，在一个村庄里，人们都喜欢吃烤玉米，于是他们家家户户都种植了许多玉米。

又到了玉米丰收的季节，村民们围在一起烤玉米吃。

其中一个成年人一次能吃 4 个烤玉米，4 个小孩一次只能吃 1 个烤玉米。一个人数了数吃玉米的人数，发现有成年人和小孩一共 100 个人；一次刚好吃完 100 个玉米。

亲爱的朋友们，你能算出在这 100 个人之中有几个成年人，几个小孩？

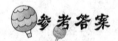 参考答案

在这 100 个人之中有 20 个成年人，80 个小孩。

棒棒糖的价格

明明和佳佳是一对非常要好的朋友，他们经常在一起读书玩耍。今年过年的时候，大人们给了他们很多压岁钱，乐坏了明明和佳佳。

他们来到小超市里，出了相同的钱买了几只棒棒糖。棒棒糖 2 角一根，他们一共买了 12 根棒棒糖。买完后，他们就美滋滋地吃起棒棒糖来。佳佳吃到第 5 根时，明明已经吃完 7 根了。

于是佳佳很生气，对明明说："明明，你比我多吃了 2 根棒棒糖，应

该还给我 4 角钱。”

朋友们你们觉得佳佳的判断正确吗？为什么呢？

佳佳的判断是错误的。因为从付钱概念上讲，明明只比佳佳多吃了 1 根，应该给佳佳 2 角钱。

红帽子和黄帽子的个数

郊游的时候，老师给每个小朋友都戴上了一顶遮阳帽。遮阳帽的颜色不是红色的就是黄色的。在戴红帽子的人看来，戴红帽子和戴黄帽子的人一样多；而在戴黄帽子的人看来，戴红帽子是戴黄帽子的人的 2 倍。

朋友们，你们可以通过这些条件，计算出总共有多少小朋友参加了这次郊游，有多少顶红帽子，多少顶黄帽子吗？

参考答案

这次郊游总共有 7 位小朋友参加，有 4 个戴红帽子的小朋友，和 3 个戴黄帽子的小朋友。

数字原来可以这样玩

— 117 —

思维小故事

大画家的遗作

在索斯比拍卖行，正在进行一年一度的日本美术品拍卖会。

此时，拍卖师已经一连拍出了几十张画作。最后，该到了全场压轴的顶级作品拍卖了。只见拍卖师高声叫道："现在开始拍大画家道山的遗作——一幅素描画，底价为 25 万美元。"

"26 万。"一人喊道。

"27 万。"另一人喊道。

"28 万。"又有一人举起了号牌。

……

这时，在人群里突然有一个人站了起来，问道："请问拍卖师先生，能否让委托人将这幅素描的来历说明一下，好让现场的所有人能够了解它的真正价值？"

拍卖师一瞧，说话的正是非常著名的侦探查理，同时知道他也是一位书画收藏家，便爽快地答应了。

很快，一名叫乔治的人走上台来，对台下的人说道：

"各位先生小姐，3 年前，道山和他的好友福山在一次旅行途中不幸遇到暴风雪，道山不慎摔坏了髋关节，大雪把他的画具和作品都埋住了，一连几天气温都在零下几十摄氏度。福山眼见道山伤势严重，便把道山背进了一个废弃的木屋里，用自己的两只手套堵住了窗上的窟窿。道山感觉到自己的伤势很重，坚持不了多久，便叫福山在一个旧的橱柜中找到一支旧钢笔和一瓶墨水，然后为他的这位忠实的朋友匆匆地画了一张素描之后便离开了人世。这张素描就是现在要拍卖的作品。"

"你认为你现在委托拍卖的这幅道山素描就是道山的遗作了？"查理问道。

"是的，就是道山临终的遗作，是一幅价值连城的遗作！"乔治肯定地回答道。

"可是，我要告诉你，这幅道山的遗作一分不值，因为它是一张赝品！"查理愤怒地说道。

查理马上走上台去，大声向全场说出了他自己的理由，乔治听完后傻了。

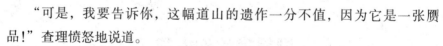

参考答案

查理说道："先生们，请你们仔细想一想，一连几天气温都在零下几十摄氏度，而且木屋的窗户上又有破洞，橱柜中的墨水早就冻成了冰块，怎么能马上用来作画呢？"

棋子的个数

　　五子棋是中国乃至世界上的小朋友都十分钟爱的一款棋牌游戏。小强是个聪明好学的好孩子。他时常在家里读书，写毛笔字，空闲时间还会和爷爷下五子棋。

　　一天，小强看着五子棋的棋盒突发奇想："这两种棋子每种有多少个呢？我来数数吧。"

　　等到小强分别数完白棋子和黑棋子的个数后，他发现：黑棋子要比白棋子多一倍。于是他从这堆棋子中先取 4 个黑棋子，再取 3 个白棋子。这样反复几次。白棋子正好被取光时，黑棋子还有 16 个。

　　朋友们，你们现在可以计算出白棋子和黑棋子的个数吗？

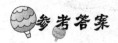参考答案

　　白棋子的个数为 24 个，然而黑棋子的个数为 48 个。

圆桌会议的人数

　　明明的爷爷是位数学教师，对明明要求十分严格。平时，爷爷会出一些小题目来考一考心爱的小孙子。

　　这天，爷爷问明明："昨天，你爸爸参加了一个极其重要的会议，参加会议的各界人士围坐在一个很大的圆桌旁边。这时你爸爸发现：参会的每一个人都与两个性别相同的人是邻座。这场会议一共有 12 位女士参加。明明，你能算出一共有多少人参加了这个圆桌会议吗？"

聪明的明明歪着脑袋想了一下，不一会儿就回答出了爷爷的问题。爷爷很高兴，还奖励了他一支崭新的钢笔呢！

聪明的朋友，你能不能计算出一共有多少人参加了这个圆桌会议？

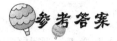

这个圆桌会议中总共有 24 人参加了会议，他们是男士和女士交替而坐的。

牧民的要求

一个商人，用 1 000 元钱从牧民那里买了一匹马。过了两天，他认为自己吃亏了，要求牧民退回 300 元。牧民灵机一动，对商人说："当然可以，只要你按我的要求买下马蹄铁上的 12 颗钉子，第一颗是 2 元，第二颗是 4 元，按照每一颗钉子是前一颗的 2 倍，我就把马送给你，怎么样？"商人以为自己占了便宜，便立即答应了牧民的这个要求。

请问，协议最后的结果是什么？为什么？

结果商人吃亏。因为按照第二颗是第一颗的 2 倍的规律买时，所得的数字是成等比数列的，最终牧民所得的钱数是 $2+4+8+\cdots\cdots+2^n$，$n=12$，计算得 4 096，这个数字远远大于商人原来付的 1 000 元，所以商人上当了。

做杂活的和尚

在一座大山上矗立着一座巍峨的庙宇，庙宇中住着 99 个僧人，其中有 8 个人是长老，他们只诵经念佛，从不参加工作。

另外的 91 个僧人，有 77 人要做寺庙里的杂活，有 77 人要生产种地。

那么请问，在这个寺庙中，有多少僧人需要既做寺庙的杂活，又要种地生产的呢？

 参考答案

在这个寺庙中，需要做寺庙的杂活，又要种地生产的僧人有 63 个。

思维小故事

衣架上的大衣

在冬天快要结束的时候，美国明尼苏达州蒙特班市的人们特别喜欢在家里举行聚会。这一天，该市最有钱的女人艾玛·惠勒在她家里开了一个聚会，宾客来了很多，聚会一直到凌晨才结束。这时，艾玛突然发现自己收藏的价值连城的中国明代花瓶不见了，而花瓶以前就放在入口大厅的桌子上。警察赶到时，宾客们都汇集到了客厅里，艾玛正站在前面，情绪激动得好像一条发怒的牧羊犬。警察搜查了整个房间及客人们的汽车，却并没有找到丢失的花瓶。

"你们得去问一下客人了，"艾玛对探长说，"我想也不会有什么用处。在这样的聚会里，人们连自己做了些什么都记不清了，更别说能去注意别

人的行动了。"

菲利浦·麦克斯走上前说："我和朱莉·贝克尔一样，是最早一批到达的客人。我始终没有离开过房间。要是其他人没有注意到我，可能是因为有一半时间我都待在卧室里看电视转播的棒球赛。"探长记录下菲利浦的话，然后让他走了。

罗德·史洛威茨第二个接受讯问。"我必须得回家了。"他先道歉说，"要是两点钟我还没喂我的双胞胎孩子吃饭，我妻子会打破我的脑袋的。"罗德也说自己从未离开过房间一步。"哦，"他又想起来了，"我曾经出去一趟，上了二楼阳台，由于外面很冷，我一会儿就回屋了。"

朱莉·贝克尔第三个接受讯问。她也声称自己从未离开过房间，也没有看到其他什么异常现象。她说："我一直在跟其他不同的人说话，还品

数字原来可以这样玩

尝桌子上丰盛的食物。"探长也让她走了。朱莉走进入口大厅，从挂满衣物的衣架外端取下自己的大衣。

"看来要用一整夜时间来找嫌疑人了。"艾玛抱怨说。

探长说："不用了，我已经看到了一个嫌疑人。她就是朱莉·贝克尔！"

探长为什么认为朱莉·贝克尔是嫌疑人呢？

朱莉·贝克尔声称自己是第一批来到的客人，她也说自己从未出去过。但当她离开准备取大衣时，探长发现她的大衣却挂在衣架的外端，如果要是第一批的客人，她的大衣应该是在衣架的最里端。

事实是，当入口大厅没有人在时，朱莉悄悄地穿上了大衣，偷走了花瓶，跑到外面把花瓶藏到了一个空空的树洞里。待她回来时，已经又有客人来，大衣占了里面的位置。等到有人发现花瓶丢了的时候，朱莉已经回到房间了。

分核桃的故事

一天，乡下的阿姨给小明带来了一堆核桃。小明垂涎欲滴，伸手便拿，却被阿姨一把抓住。

阿姨握着小明的小手，笑着说："小明，我来讲个故事，你答对了，这堆核桃就归你，但是你要是回答不出，那么对不起，你只能吃一半的核桃。"

小明疑惑地看着阿姨，说："阿姨，你要问什么题目呀，我试试看吧。"

阿姨指了指核桃说："我这一堆核桃，如果5个5个地数，最后则剩下4个；如果4个4个地数，则剩下3个；如果3个3个地数，则剩下2

个；如果 2 个 2 个地数，则剩下 1 个。你说这堆核桃至少有多少呢？"

小明拿出纸笔，一会儿就计算出来核桃的个数。不仅得到了整筐的核桃，还受到了家长的赞扬。

那么请问，这堆核桃至少有多少个？

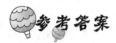
参考答案

这堆核桃至少有 119 个。

数学天才分牛奶

在 18 世纪的法国，有一位非常有名的数学家名叫巴逊。相传，巴逊原本按照他父亲的意愿，想当一名医生，但是生活中的一个小插曲，让巴逊改变了决定，放弃做医生的想法，改做数学研究。

那么是怎样一件小事改变了巴逊的一生，让他成为一代数学宗师的呢？

原来有一天，巴逊和好友结伴到乡下游玩，途中遇到两个到客栈买牛奶的人。主人从地窖里拿出 8 千克鲜奶，热情地招呼他们。买牛奶的客人要求两人每人 4 千克牛奶，可是主人没有磅秤，只有两个瓦罐，这两个瓦罐一个可以盛 5 千克的牛奶，另一个可以盛 3 千克的牛奶。但是，怎样才能精确地计算出牛奶的分量呢？

正当他一筹莫展的时候，聪明的巴逊思考了一下，便十分精确地计算出了这个题目，解决了这个棘手的问题。

为此，酒店老板连连夸赞巴逊是个学数学的好苗子，说他极具有数学天分，并鼓励他潜心攻读数学。于是在人们的鼓励和支持下，巴逊刻苦学习数学，长大后成为了一名了不起的数学家。

朋友们，你们是否想知道小巴逊是怎么解这道数学题的？是不是对这个小数学题也跃跃欲试呢？那么你也来亲自动手计算一下吧。

参考答案

小巴逊是按以下步骤来解决的：

次数＼容器	8千克瓶	5千克瓶	3千克瓶
第一次	3	5	0
第二次	3	2	3
第三次	6	2	0
第四次	6	0	2
第五次	1	5	2
第六次	1	4	3
第七次	4	4	0

第四章　古人的难题

有关古人的试题

英国有一位非常著名的经济学家，叫亚当·斯密。他的代表作是一部剖析资本主义经济体制的《国富论》。亚当·斯密就是凭借这部著作名扬天下的。

这天，亚当·斯密正津津有味地翻阅一本古代文献，看到书上的一个小故事，他觉得这个故事非常有趣，就叫来小孙子。

他说："根据古文记载，有一个人，在公元前10年出生，在公元10年的生日前死去。亲爱的宝宝，你能计算出这个人去世的时候，他的年龄是多少？"

孙子想来想去，终于说对了这位古人的年龄。

朋友们，你们能够计算出来吗？

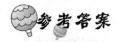 参考答案

这个人的年龄是18周岁，因为年号里没有被称为0年的年。

数字原来可以这样玩

皇冠的黄金纯度

他叫阿基米德，是古希腊著名的哲学家、数学家、物理学家。他发现了许多数学或物理定律，得到当时国王的赏识。

相传有一次，锡拉库兹国国王聘请了许多能工巧匠为自己制作一顶皇冠。国王给这些能工巧匠们送去了黄金和白银用以铸造皇冠。皇冠铸造成功后，重量恰好等于皇帝分发给铸造工匠的黄金白银的总和。

国王赏玩着精美绝伦的皇冠，心里不知为何，总觉得有些不踏实，他怀疑这些工匠们偷工减料，转移黄金，但他又不能肯定自己的担心是否是事实。于是，国王召来了智慧的阿基米德，命令他计算出这个皇冠中包含多少分量的黄金和包含多少分量的白银。

经过推理，阿基米德得知：纯的黄金在水中失重 1/20，然而纯的白银在水中失重 1/10。根据这个数据，阿基米德计算出了皇冠里的黄金和白银的含量。

亲爱的朋友们，如果我们假设皇冠是纯的黄金白银铸造的，而且是实心的没有任何空隙。假如分发给铸造工匠的黄金是 8 千克，白银是 2 千克，阿基米德将皇冠放到水中称出的分量不足 10 千克而是 $9\frac{1}{4}$ 千克。那么你能不能计算出：铸造工匠一共偷换了多少分量的黄金？

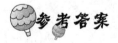

皇冠的含量不是 2 千克白银和 8 千克黄金，而是白银黄金均为 5 千克，铸造工匠足足偷换了 3 千克黄金。

思维小故事

一瓮马蹄金

唐德宗元年（780）的时候，凤翔有一个叫宋仁的农民，他在田里耕地时，挖出了一个小口大肚子的瓮。他好奇地打开盖子一看，里面竟是满满一瓮子金光灿烂的马蹄金。

"快来看哪，哥哥！"

宋仁的哥哥宋光听见弟弟的喊声，忙跑了过来。当他看见弟弟宋仁挖出了一瓮马蹄金时，惊喜得脸上露出了兴奋的神采："太好啦，是该咱穷哥俩时来运转了！走，抬回家去！""这可不行。"宋仁拦住了宋光，说道："这满满一瓮马蹄金不知是谁家祖先留下的，咱们私自留下，那是要犯法的。"

"那你说该怎么办呢？"

"我看咱们应该马上抬到县衙去。"

"抬到县衙去？"宋光看着这诱人的马蹄金，真有点舍不得。他眼珠一转，说道："还是弟弟说得对，是应该给县令送去，反正外财也改变不了咱这穷酸命。不过，我看应该先去一个人给县令禀报一声，县令让咱们怎样处理咱再怎样处理。"

"好，我这就去县衙，哥哥可要看好大瓮啊！"

"放心吧，我一定看好它，你快去快回！"

宋仁快步来到了县衙。县令听说宋家哥俩在地里挖出了一个装着马蹄金的大瓮，又是惊奇又是兴奋，连忙派一个衙役随宋仁去宋家取大瓮。宋仁领衙役来到田间地头，看见宋光在烈日下汗流浃背地坐在那里看守着挖出来的大瓮。衙役让宋家哥俩用绳子套好，然后穿根扁担，把大瓮抬到了县衙。

数字原来可以这样玩

县令打开大瓮的盖子一看，果然是满满一坛子马蹄金，高兴地对宋家兄弟说："你们拾金不昧的行为很令人敬佩，本官要上报都督府，重赏你们！你们先回去吧。"

宋家兄弟二人离开县衙后，县令感到这瓮马蹄金实在太贵重，唯恐库吏大意出错，便命人把大瓮暂时抬到了自己的卧室。第二天，县令立即派人把挖出一瓮马蹄金的事上报了凤翔太守李勉。李勉接到报告，当即派了一个府吏前来验收马蹄金。县令请府吏坐在大堂上，命人从自己的卧室里将大瓮抬出来，放在堂上当众开验。谁知，把大瓮打开一看，满座皆惊：瓮里面哪还有什么马蹄金，已经变成了满满的一个个土块。府吏顿时心中生疑，铁青着脸问道：

"这里面的马蹄金呢？"

"这……"

"这什么？你好大的胆子，竟敢用土块换走马蹄金，该当何罪？"

"卑职实在是很冤枉，昨天那瓮里面明明装的是马蹄金，可不知为什么……"

"简直就是一派胡言，如不如实招来，我一定要报告太守，从重论处。"

县令有口难辩，看着那瓮里的土块，心想，现在自己说什么也没有用了，即使你有一百张口，还能把土块说成马蹄金？唉，认命吧！想到这里，县令说道："我招，那马蹄金是被我偷换了。""哼，果然如此，马蹄金被你藏到什么地方去了？"府吏鄙夷地盯视着县令。

"藏……藏到了粪堆下面。"

"把粪堆给我扒开！"

府吏一声令下，粪堆被挖开了，可是并没有找到丢失的马蹄金。府吏一怒之下，派人把县令绑上押回到府里，交给太守李勉亲自来处理。

这天，李勉把幕宾袁滋招来，想问问他对此案的意见，只见袁滋思考了一会儿，对李勉说道："县令要是真想贪赃，就不会把此事上报给您，现在他承认马蹄金被自己藏起来了，可是找不到马蹄金，这简直不符合常理，此案一定另有蹊跷。"

李勉本来对这件事也持有怀疑态度，听袁滋这么一说，觉得是很有道理，于是便让袁滋重新审理此案。

　　袁滋向县令详细询问了事情发生的经过。当他听说大瓮是两个农夫抬来的时候，心里顿时想出了一个主意。一经试验，果然证明这瓮马蹄金是被宋光偷换走了。于是，将宋光抓到公堂，重打了 40 大板。

　　原来，宋光见宋仁挖出了一瓮马蹄金，便起了贪念。他借着让宋仁报告县令的机会，把马蹄金换成了一个个土块，只在瓮口上留下了几锭马蹄金。县令看见的就是那上面的几锭。可是，县令让宋家兄弟把大瓮抬到自己的卧室后，宋光又趁人不注意把土块上面的那几锭马蹄金也偷换走了。袁滋是怎样知道马蹄金被宋光偷换走的呢？

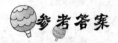

超级思维训练营

参考答案

袁滋派人把大瓮里的土块取出来，统计出共有250块。接下来他又让人去府库支取了一些金子，派人找来一个银匠，按土块大小铸成250个金锭，再用秤称这些"金锭"重量。还没称上一半，就已经有300多斤。由此推算，若将这些"金锭"全部称完，至少也有六七百斤。袁滋顿时心里明白了：这么重的大瓮两个人怎么能够挑得动呢？这瓮里的金子早在抬到县衙之前就已经被人偷偷地调换了，而且很可能就是宋家两兄弟。于是袁滋先找到了弟弟宋仁，听了宋仁的讲述，便知道可能是宋光偷偷地调了马蹄金。于是派人把宋光抓来一审，果真如此。

算一算珠宝的数量

一个非常富有的大财主生了5个儿子，他们整天游手好闲，吊儿郎当。在财主死后，他们很快地把家产挥霍一空。这5个市井无赖，打听到东海龙宫里堆满了珠宝，于是他们商量决定冒死前去偷窃珠宝。

这天，5个无赖在海边观察动静。突然间吹起了狂风，5个人无法招架，迫不得已，只能躲进一个大树洞里避风。不料，这个空心树洞竟是个无底洞，他们不断往下掉，一个个吓出浑身冷汗。不过幸运的是，5个人都安全着地了。他们仔细打量这洞底一看，发现自己居然掉进了苦苦寻觅的龙宫。五兄弟欢呼雀跃，欣喜之情溢于言表。

他们四处搜寻，在龙宫里转来转去。突然，老大在一个硕大的珊瑚树下，发现一堆闪闪发光的珠宝。

"珠宝，这里有珠宝！"老大一边喊，一边迅速地打开包囊，把珠宝往包里放。另外4个兄弟也快步地围了上来，迅速地装起珠宝。老大很快装好了珠宝，他命令兄弟们立即撤退。而贪婪的老五才装了一点，他觉得还不够，还要继续装珠宝。

就在这时，一声严厉的吼叫打断了他们："别动，你们是什么人？"

兄弟5人被龙宫卫士的吼声吓了一跳，他们两腿发颤，浑身发抖，乖乖被龙宫卫士抓进了牢房。

到了深夜，五个人都难以入睡。老大心想："龙宫卫士有令，谁偷的珠宝最多，明天谁就要杀头；其他4个只是挨板子赶出龙宫，不用杀头。"于是老大趁其他兄弟都在熟睡，偷偷地起身，把自己偷到的珠宝往这4个人口袋里都塞进一些，恰好他塞进去的珠宝数量等于这4个人原有珠宝的数量。

过了一会儿，老二醒过来了，他摸摸自己的行囊，发现自己的珠宝变多了。他非常害怕，也偷偷地起身，把自己偷到的各种珠宝往其余4个人口袋里都塞进一些，恰好他塞进去的个数等于这4个人原有的珠宝的数量。

老三、老四、老五相继依次醒来，都发现自己的包裹里的珠宝多了。于是他们也都这样行动。

就这样，5个兄弟安心地睡到天亮。

第二天一大清早，龙宫卫士走到监狱来搜查珠宝点数后，他们惊奇地发现——每个人的珠宝数量竟然是相同的，每个人的珠宝数都是32颗。

请问，五兄弟原来每人各偷了多少珠宝？

参考答案

这5个兄弟原来每人各偷的珠宝：老大81颗，老二41颗，老三21颗，老四11颗，老五6颗。

旅行家的旅行故事

古时，英国有一位著名旅行家，经过千里跋涉，来到了当时还被称为"荒蛮之地"的美国西部。他到达那里后，身心疲惫，于是就在当地的一

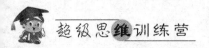

个小旅馆住了下来。

住了几天，这位旅行家想离开旅馆，前往派克镇旅游。他向几位当地人打听从旅馆到派克镇的路怎么走。

当地人很热情地说："朋友，从这里出发到派克镇去只有一条路可以走。但是沿着这条路走的话，你既可以坐公共马车，也可以步行，当然也可以将两种交通方法结合起来。所以如果你要到派克镇的话，你可以挑选以下4种不同的交通方案。

"第一个方案，你可以全程乘坐公共马车。但是如果全程乘坐公共马车的话，马车将要在一个小店停留30分钟。

"第二个方案，你可以全程步行。如果你在公共马车驰离小旅馆的同时出发，那么当公共马车到达派克镇的时候，你还有1千米的路程要走。

"第三个方案，离开旅馆后你可以步行到那个公共马车停留的小店，然后再坐公共马车，如果你和公共马车同时离开旅馆，那么你步行了4千米时，公共马车已经到达了那个公共马车停留的小店。但是因为公共马车要停留30分钟，所以，当公共马车即将离开小店，向派克镇驶去的时候，你刚好赶上这一班公共马车。这样，你就可以乘坐公共马车赶去派克镇了。

"第四个方案，你可以先乘坐公共马车离开旅馆，抵达那个公共马车停留的小店以后，再步行，走完其余的路程。

"当然，第四种方案是最快的方法，如果按照第四种方案走，你可以比公共马车提前15分钟到达派克镇。"

这位旅行家听完了当地人的讲述，他低头沉思了片刻，很快就计算出来从旅店到派克镇的路程长度。

朋友们，你们能不能像这位旅行家一样，计算出从旅店到派克镇的路程长度呢？

参考答案

从旅店到派克镇的路程长度为9千米。即 $2 \times 4 + 1 = 9$（千米）。

有趣的数字

古代有一位英明的国王，他的臣子们也都饱读诗书，非常能干。

有一天，国王召集所有文武大臣前来喝酒。正当大臣们兴致勃勃地欣赏歌舞表演时，国王要求众爱卿回答一个小小的问题，如果回答对了，国王就赏赐给他一块异域进贡的翡翠玉雕。如果没有答对，就必须罚酒3杯，以示惩戒。

国王说："我们将1、2、3、4、5、6、7、8、9这几个数字在不改变顺序的前提下（即可以将几个相邻的数合在一起成为一个数，但是不可以颠倒），在它们之间填写加号和减号。最终，要使结果等于100。"

正当其他大臣在卖力地计算的时候。一个年轻人把答案呈献给了国王。

国王看了以后非常高兴，赏赐了他精美的玉石。

朋友们，故事讲完了，你能不能说出：怎样在他们这几个数之间填写加号和减号，最终，要使结果等于100呢？

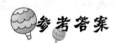参考答案

要使结果等于100，可以这样计算：12 + 3 + 4 + 5 − 6 − 7 + 89 = 100（答案不唯一）。

迎娶公主的比赛

有一位美艳绝伦的公主，她长得天姿国色，倾国倾城。到了公主应该婚配的年纪，国王决定亲自为自己的掌上明珠挑选驸马。

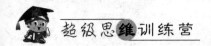

各国的王子、王孙、贵族竞相赶来，向美丽的公主求婚。经过几轮选拔，国王最后决定从甲、乙、丙 3 位王子之中挑选一个作为自己的乘龙快婿。

国王想了一下，说："我决定从你们 3 位王子之中挑选一个做我的驸马。我的挑选过程非常简单，你们 3 个两个两个地进行决斗，最后存活下来的王子就可以迎娶我的女儿。我也会将我的整个国家赠送给他，作为陪嫁。"

3 位王子听到这么优厚的待遇都十分激动，都一口答应了国王的要求。

第二天，比赛开始了，国王分发给 3 位王子一人一把手枪。甲王子枪法不好，命中率仅仅是 30%；乙王子枪法还可以，命中率是 50%；而丙王子枪法最好，命中率是 100%。

了解了这个情况，国王为了使三方都保证公正，于是又决定：甲王子最先开枪；乙王子随后开枪；丙王子最后开枪。

小朋友，你能不能计算出哪位王子迎娶美丽公主的概率比较大？

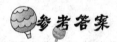

在这次迎娶公主的比赛之中，甲王子迎娶美丽公主的概率最大，乙王子迎娶美丽公主的概率第二，丙王子迎娶美丽公主的概率最小。

思维小故事

拼贴的诬告信

唐睿宗李旦做皇帝的时候，实际上是太后武则天掌权。唐朝的徐敬业等一些朝廷老臣反对武则天临朝参政，于是在扬州竖起了大旗抗议，要求武则天下台。武则天大怒，杀死了徐敬业，并且铲除了徐敬业的余党。

平息了扬州叛乱，武则天去掉了一块心病，心里自然很高兴。可是这一天，湖州佐史江琛叩见武则天，并呈递给她一封信。武则天打开信一看，感到非常吃惊，原来是刺史裴光寄给徐敬业的一封谋反密信。武则天十分吃惊，于是命人立即将裴光捉来问罪。

裴光被捉到京城后，御史杨公对他进行了审问。

杨公把那封信递到裴光面前问道："这封信真的是你写的吗？"

裴光看了看信，感到很惊讶："这信上的字的确是我写的，可这信真的不是我写的呀！"

"这话该怎么讲呢？真是天大的笑话！"

"的确很奇怪，我也解释不通，但是这有什么办法呢？"

杨公把案情如实报告给武则天，武则天认为裴光一定是在狡辩，于是便换了御史李公再审裴光。可是当李公审过后，结果依然是那样。武则天接下来又让御史齐公去审，结果也是如此。这时，有人向武则天推荐说尚书张楚玺很会断案，可以让他去审理此案。武则天听完后立即召见了张楚玺，任命他迅速把案件审查清楚。张楚玺受命接下此案后，反复查阅了案卷，也感到很奇怪。他想，假设认定这封信是伪造的，可是裴光却承认信上的字的确是自己写的；如果认定这真是裴光写的谋反密信，可他又死不承认，而且再也找不出任何旁证。张楚玺反复思考琢磨，也想不出这其中的奥妙。

转眼 10 天过去了，张楚玺怕武则天因案件没有查清怪罪下来，心急如焚，寝食难安。这天夜里，他分析案情，又是一宿未眠，直到东方逐渐现出鱼肚白时，才迷迷糊糊地睡去。不知过了多久，他醒来睁开眼睛一看，已经接近中午了。他感到浑身乏力不想起床，便从枕边拿起那封谋反密信思考起来。忽然，他发现谋反信上面出现了一小块一小块的阴影。他感到很奇怪，忙把谋反信对准了阳光，仔细一看，惊喜得差点叫出声来。原来，谋反信在阳光的投射下，凡是有写字的地方，纸的颜色都比较深；没有字的地方，纸的颜色都比较浅。张楚玺推定，这封谋反密信一定是伪造的。

当天，张楚玺把被告裴光和原告都传到府上，重新审理此案。张楚玺

数字原来可以这样玩

问裴光时，裴光回答得如前几日一样。随后，张楚玺又转向江琛说道："此案我已经完全查清，现在我郑重提醒你一句：你告裴光谋反之罪，如若被查实是诬告的话，后果你自然很清楚。"

江琛犹豫了一下，答道："卑职揭发叛贼是为国尽忠，早已将生死置之度外，望大人明察！""哼哼！"张楚玺冷笑两声，然后对江琛怒斥道："卑鄙小人，伪造谋反密信诬陷无辜之人，却还装出一副正人君子的模样，你还不从实招来！"

"大人，卑职实在是冤枉！"江琛"扑通"一声跪在地上。

张楚玺气愤地说："冤枉？我就当场拆穿你的谎言！"

在事实面前，江琛吓得浑身发抖，脸色惨白，只好如实交代了诬陷裴光的罪行。原来，江琛平日与裴光就不友好，但裴光是他的上司，所以没有办法整治他。徐敬业被杀后，江琛看准了这是个诬陷裴光的好机会，于是，他让心腹之人悄悄地偷来了一些裴光的书信，并请来一个粘补技术很高的工匠，剪下上面的字，拼贴成了这封谋反密信。

张楚玺把案情如实呈报武则天后，武则天下诏将江琛斩首示众。

张楚玺是怎样验明伪造信的呢？

参考答案

张楚玺命衙役取来一盆清水，将谋反密信放入水中。不一会儿，就看见信上的字一个个自动地分离开了。他就这样验明了这封信是剪字拼贴而成的伪造信。

愚蠢的法规

古时有一个国王，沉湎于女色。为了使他的臣子们能够像他那样享受女色，他发布了一条奇怪而又荒唐的法律。

每一个已婚的女人只要生了第一个男孩后，就马上禁止再生小孩。然而只要生的是女孩，那么就能继续生下一个孩子。

颁布了这一法律后国王很高兴，他认为：法律颁布以后，有些家庭就会有几个女孩，而最多只有一个男孩。换句话说：就是任何一个家庭都不会有一个以上的男孩。所以过段时间，女性人口就会很明显地超过男性人口了。

这样，整个国度里的男人就会有更多的妻子了。

那么小朋友，你们计算一下，这个国王通过这条法律能不能实现他的意愿呢？

数字原来可以这样玩

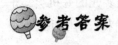

国王通过这条法律不能实现他的意愿。因为无论在什么情况下，生男生女的比例都是大致相同的，没有任何变化。

关于地球周长的故事

朋友们，你们知道吗？人类生活在地球上，地球是人类生存的摇篮。那么你们有没有想过地球的周长是多少呢？我们现在就来讲述一个有关地球周长的有趣故事。

公元3世纪，有一位非常有名的希腊学者名叫依勒斯塞尼斯。

一天，他去埃及旅游，无意中发现埃及的阿斯旺地区有一口非常非常深的井。平时，太阳光不能照射到井底，井里总是漆黑一团。只有到了每年的6月21日正午，太阳光才能直射到井里。为了一睹这口神奇深井的独特风采，人们都竞相来到阿斯旺。

除了这次埃及之旅，依勒斯塞尼斯还发现，在阿斯旺正北的亚历山大港，在6月21日这一天，如果在正午的平坦地面上竖直放一个5米长的棍子，那么棍子在地面上的影子长度为80厘米，依勒斯塞尼斯测量了一下太阳光和这根棍子的夹角，是7.5°，于是他脑海里冒出了想计算一下地球周长的念头。

于是，依勒斯塞尼斯骑着骆驼从阿斯旺出发，顺着北面方向前往亚历山大港。他在第一天走了16.8千米，这个速度非常合适，他决定以后每天就按这个速度前进。历尽50天的奔波后，依勒斯塞尼斯到达亚历山大港，一到历山大港。依勒斯塞尼斯马上就计算出了地球的周长。

那么朋友们，你们是否能够说出这位希腊学者是运用哪种方法来计算地球周长的？那么经过他的计算，地球的周长又是多少呢？

以上故事运用了圆周长计算原理，地球的周长为 40 320 千米。

谁坐马车谁坐汽车

从前，有一对亲兄弟，一个是绅士，一个是财主。

一天早上，这对亲兄弟想到城里去办事。他们一个乘汽车，另一个坐马车，同时从乡下出发。

绅士走了一段路后发觉：如果他走过的路再增加 3 倍的话，他剩下的路程就要减少一半。而财主走了一段路后发觉：如果他走过的路程减少一半的话，他剩下的路程就要增加 3 倍。

朋友，根据以上的内容，你能计算出：谁坐的是马车，谁坐的是汽车吗？

参考答案

坐马车的是绅士，坐汽车的是财主。

乾隆皇帝的上联

大概在两百多年以前，在清代乾隆五十年（1785）的时候，乾隆皇帝在乾清宫摆下千叟宴，3 900 多位老年人应邀参加宴会，其中有一位客人的年纪特别大。

数字原来可以这样玩

这位年龄特大的老寿星有多大岁数呢？

乾隆帝说出了他的年龄，不过不是明说，而且是出了一道对联的上联：

花甲重开，外加三七岁月。

大臣纪昀（"昀"读"yún"）在一旁凑热闹，也说一说这位老寿星的岁数，当然也不是明说，而是对出了下联：

古稀双庆，又多一个春秋。

对联里讲些什么呢？这位老者的岁数究竟是多少？

参考答案

先看上联。花甲就是甲子，一个甲子是 60 年时间。"花甲重开"，是说经过了两个甲子，就是 120 年，这还不够，还要"外加三七岁月"，3 和 7 相乘，是 21 年，所以总数是 $60 \times 2 + 3 \times 7 = 141$（岁）。

再看下联。"古稀"是 70 岁。唐代诗人杜甫《曲江二首》诗中说，"人生七十古来稀"。当然，我们现在生活条件和医疗条件好了，七十自称小弟弟，活到八十不稀奇，可是直到半个世纪以前，能活 70 岁还是值得骄傲和令人羡慕的，往往要好好地庆贺一番。"古稀双庆"，是说这位老先生居然有两次庆贺古稀，度过了两个 70 年，并且不止这些，还"又多一个春秋"，总数是 $70 \times 2 + 1 = 141$（岁）。

所以：这位老年人是 141 岁。

思维小故事

伪造的契约

宋朝眉州有一个叫王刚的小伙子，家中只有老母一人，仅仅依靠祖传的一亩良田维持生活。谁知这一亩良田被本州的一个豪门大户孙延世看中了。此人心狠手辣，仗势欺人，横霸乡里。他暗中盘算很长时间，终于想出一条毒计。

春耕时，一天清早，王刚带上干粮，扛着锄头，高高兴兴地来到自己的地里干活。他还没走到地里，远远看见有两个中年汉子正在自己的地里翻地。他急忙跑过去，上前问道：

"这是我的地，你们是不是搞错了？"

"是我家老爷派我们到这块地干活的，没错。我们只管干活，别的你去问我家老爷好了。"两个中年汉子说完，继续翻地。

"你家老爷是谁？"王刚急了，生气地大声问道。

"豪门大户孙延世！"两个中年汉子答话中含有几分得意。

王刚听后，急忙转身朝孙家奔去。

"孙延世你出来！"王刚站在孙家大门口喊着。

过了一会儿，孙延世慢慢地从里面走出来，说：

"啊，是王刚啊！有话好说，怎么发这么大的火……"

"你为什么叫人到我家地里干活？"王刚气冲冲地对孙延世说。

"那地已经属于我的了。不要在这里胡闹，最好赶快离开这里吧！"

"什么？你胡说，我要去告你！"

"愿意告你就去告，我等着。"孙延世摆出一副不屑的样子说。

两个人到了县衙，孙延世抢先对知县大人说："去冬我和他立下契约，将他的一亩地转卖给我，这小子小小年纪就敢赖账，请大人做主，查明真伪，还我公道。"

知县大人立即叫手下人跟孙延世回家将契约取来，并展开细看，只见白纸黑字，朱红大印，上面确确实实写着王刚把地转卖给了孙延世。知县辨不出这个契约的真伪，就上报给了州府，州府立即委派御史章频来审办此案。章频办案经验丰富。他仔细查看那张契约，很快发现这份契约上的字和印章与一般契约不同。便断定这是一张伪造的契约。他立刻传孙延世到庭受审，孙只好供认服罪了。

那么，章频是如何发现契约上的字和印章与一般的契约有所不同呢？

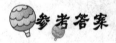参考答案

一般的契约都是先把文字写好，然后再盖印。而这份契约却是字写在印鉴之上，所以章频推断，一定是孙延世先偷了王刚的印盖上，然后再写上字。经过审问，事实果然如此。

农田的大小

在很久以前，有一个叫约翰的佃农。他生性勤劳肯干，早出晚归，天天辛勤地劳作，但收入却十分微薄。因为他每年必须交给农场主一定的田

租，否则就不能维持生计。

又到了秋高气爽的季节，田里金灿灿的小麦颗粒饱满。农民约翰看着农田里满眼的小麦，又开始发愁了。

他轻声嘀咕道："我要支付 80 美元的现金以及若干的小麦作为我的这块田地的一年的地租。"

他只能求助于别人，他逢人必说：如果小麦的价格是每千克 75 美分的话，这笔开销相当于每亩 7 美元，但是现在小麦的市场价格已经上涨到每千克 1 美元。所以，他所付的地租相当于每亩 8 美元，他感觉自己负担的地租太多了。

那么，这块农田有多大呢？

参考答案

这块农田有 20 亩，农民约翰所支付的小麦数为 80 千克。

年龄的计算

有一户人家三世同堂，他们住在乡村，过着无忧无虑的生活。

祖孙 3 人正好同一天生日，3 人都非常高兴，举办了一次大宴会，既为祖父祝寿，又为孙子庆生。客人来了许多，纷纷送来糕点和许多寿礼。朋友们济济一堂，他们说这一天祖孙 3 人的年龄加起来正好 100 周岁，祖父的岁数正好等于孙子的月数，父亲过的星期数恰好等于他儿子过的天数。

听了这话，来宾们马上算出了祖孙 3 人的各自的年龄。

朋友们，你们能算出这祖孙 3 人的年龄各是多少吗？开动脑筋想一想，相信你很快就会找到答案的。

数字原来可以这样玩

参考答案

祖父的年龄60岁，父亲的年龄35岁，孙子的年龄5岁。

奇怪的生命数字

古希腊有一位非常著名的数学家刁藩都。他知识渊博，专工于各类数学研究，是一位非常受人尊敬的数学家。

由于种种原因，史书上并没有留下这位伟大科学家的生平故事。我们只能从他留给后人的一座特别的墓志铭中想见他的风采。

他在墓志铭中写道：

"朋友，这里安葬着刁藩都的骨灰。通过下面的问题，你可以知道他的寿命到底有多长：

他的幸福的童年占据了他寿命的六分之一时间；

当他长起细细的胡子的时候，他已经活了生命的十二分之一；

到刁藩都结婚、但没有宝宝的时候，他度过了七分之一的人生；

使他非常高兴幸福的是，又过了五年，他的第一个儿子诞生了；

令人惋惜的是，他的第一个宝宝从出生到离开人世时，寿命只是刁藩都人生的一半；

白发人送黑发人，忍受丧子之痛的刁藩都悲痛地度过了四年时光，然后走去了另一个世界。"

小朋友，你们可以计算出刁藩都到底活到多少岁吗？

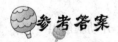

参考答案

他一生活了84岁，21岁结婚，38岁生了儿子，80岁失去儿子。

敲钟的和尚

在一个寺院里，和尚每天都要敲钟，第一个和尚 10 秒敲 10 下钟，第二个和尚 20 秒敲 20 下钟，第三个和尚 5 秒敲 5 下钟。这些和尚各人所用的时间是从敲第一下开始到敲最后一下结束。

那么，这些和尚的敲钟速度是否相同？如果不同，一次敲 50 下的话，他们谁先敲完？

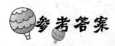参考答案

第二个和尚敲钟的速度是最快的，他最先敲完 50 下。

思维小故事

水盆里的铜钱

在南京城里的秦淮河边矗立着夫子庙。每年到元宵节，都要举行庙会。庙会上人山人海，有唱戏的，有看戏的，有卖东西的，有买东西的，还有看灯和猜灯谜的，真是好不热闹啊。

在夫子庙的旁边，有一长长的商品摊子，商贩们扯开大嗓门，吆喝着来往生意。游客们这边挑挑，那边看看，看中了什么好的，就大声讨价还价。这些嘈杂的声音，反而增添了节日的热闹气氛。在这些摊子中间，有两个摊子紧紧挨在一起，他们一个是卖菜油的，一个是卖青菜的。卖油郎嘴勤手快，服务热情，所以生意特别好；而卖菜郎呢，总是把烂菜冒充好菜，还短斤缺两，所以生意冷冷清清。卖菜郎却认为，是卖油郎抢了他的

生意，一直怀恨在心。有一天，有人来买油，卖油郎忙着招呼顾客，身边的钱箱没有锁，被卖菜郎看见了，他悄悄跑过去，伸手偷了一把铜钱，塞进袖口里。卖油郎一转身，正好看见了，气愤地责问卖菜郎："你为什么偷我的钱？"卖菜郎却反咬一口说："我没有拿。是你偷了我的钱！"

随后他们争吵起来，人们只好叫来了当地的县官。县官问清了情况，对卖菜郎说："你把袖口里的钱拿来，让本官看看。"卖菜郎把钱交给了县官，县官看了一眼，皱着眉头说："哎呀，这钱也太脏了，还是先洗干净了，我再审判吧！"

他派人把铜钱泡在水盆里，过了一会儿，县官看看水盆，马上就判断出，是谁偷钱了。那么县官如何知道谁是小偷呢？

卖油郎的手上沾满了油，拿钱的时候铜钱上也会沾上油，县官看到水盆里的水漂着油花，就知道钱是卖油郎的了。

韩信点兵的秘密

韩信是我国汉代著名的大将军，他运筹帷幄，英勇善战，被汉高祖刘邦委以重用，为汉朝的建立立下了赫赫功劳。

我国古代著名数学家秦九韶根据"韩信点兵"的故事研究出了一道有趣的数学题，并编成了歌谣。这首歌谣的内容是：

七七数时余两个，

五个一数恰无零，

九数之时剩四盏，

红灯几处放光明。

这4句话的意思是：在一个地方有一条许多的五彩灯笼组成的灯桥，然后他说：用7为单位去数时，可以剩下2盏彩灯；用5为单位去数时恰好数完，用9为单位去数时剩4盏。

朋友们，看完上面的习题，积极开动脑筋，看能不能计算出这条灯桥上一共有几盏彩灯？

这条灯桥上一共有310盏彩灯。

数字原来可以这样玩

高斯的办法

德国有一位非常著名的大数学家，名叫卡尔·弗里德里希·高斯，在他 10 岁的时候，老师给他和同学们出了一道题。

题目内容是这样的：用加法从 1 加到 100，那么求这 100 个数字的和是多少。

正当其他学生埋头计算的时候，聪明的高斯马上说出了问题的参考答案：从 1 加到 100，这 100 个数字的和是 5050。

这个结果让老师非常吃惊，老师想：这么多的数字不可能在这么快的时间里解答正确的。

那么，朋友们，高斯是怎么计算出来的呢？

参考答案

高斯是这样计算的：依次从 100 个数的两头两数相加，共 50 对；而每对之和为 101。那么这 100 个数的总和就是 $101 \times 50 = 5050$。